Mahadeo Jadhav
Uttam Mahadkar
Dnyaneshwar Jagtap

Tecnologia de cultivo de cana-de-açúcar para as condições de Konkan

Mahadeo Jadhav
Uttam Mahadkar
Dnyaneshwar Jagtap

Tecnologia de cultivo de cana-de-açúcar para as condições de Konkan

ScienciaScripts

Imprint

Cover image: www.ingimage.com

This book is a translation from the original published under ISBN 978-620-2-00519-7.

Publisher:
Sciencia Scripts
is a trademark of
Dodo Books Indian Ocean Ltd. and OmniScriptum S.R.L publishing group

120 High Road, East Finchley, London, N2 9ED, United Kingdom
Str. Armeneasca 28/1, office 1, Chisinau MD-2012, Republic of Moldova, Europe
Managing Directors: Ieva Konstantinova, Victoria Ursu
info@omniscriptum.com

Printed at: see last page
ISBN: 978-620-8-58240-1

Índice:

CAPÍTULO I

INTRODUÇÃO

A cana-de-açúcar (*Saccharum officinarum* L.) é uma antiga fonte de energia para os seres humanos e, mais recentemente, uma fonte de substituição parcial como alternativa aos combustíveis fósseis e uma cultura altamente sensível à gestão. Tem sido cultivada no Sudeste Asiático e na Índia Ocidental desde 327 a.C. e tem sido uma cultura importante no subcontinente indiano desde então. A cana-de-açúcar é a segunda cultura industrial mais importante da Índia, com a maior produção de açúcar depois do Brasil.

A cana-de-açúcar ocupa uma posição central na economia agrícola da Índia. Como instrumento de reforma agrária e de emancipação económica, a cana-de-açúcar não fica atrás de nenhum outro. Isto deve-se ao facto de se tratar de uma cultura de mão de obra intensiva e de proporcionar meios de subsistência a milhões de pessoas através de uma indústria organizada que acompanha a Índia rural. Na Índia, é cultivada numa área de 50,32 lakh hectares, com uma produção de 3565,61 lakh toneladas e uma produtividade média de 70,86 toneladas ha^{-1} (Anonymous 2015). Maharashtra é o estado mais produtor de açúcar da Índia. O rendimento da cana-de-açúcar do Maharashtra em 2014-15 foi de 92,74 toneladas ha^{-1} , muito superior ao rendimento de 59,58 toneladas ha^{-1} do segundo maior estado produtor de açúcar, Uttar Pradesh, e à média nacional de 70,86 toneladas ha^{-1} . A recuperação do açúcar em Maharashtra foi de 11,41% em 2012-13, mas a taxa de recuperação da cana-de-açúcar de *suru* foi de 11,45%, superior à de Uttar Pradesh (9,16%) e à média nacional (10,25%).

A Índia tem de enfrentar os novos desafios de uma maior produção de cana-de-açúcar e de açúcar para satisfazer as necessidades futuras. Com a atual tendência da produção de cana-de-açúcar e de açúcar, a Índia dificilmente conseguirá satisfazer 75% das necessidades previstas. Por conseguinte, é necessário um esforço sustentado para aumentar a atual tendência da produção de cana-de-açúcar a um nível tal que a Índia se torne um país excedentário em cana-de-açúcar.

A determinação de uma técnica de plantio precisa (configuração do terreno) para melhorar a uniformidade da população de plantas e a produtividade da cultura da cana-de-açúcar é uma questão importante. Entre os diferentes métodos de plantação, o método de plantação em sulcos e camalhões é muito predominante em Maharashtra. O método plano de plantação de cana-de-açúcar é fácil de utilizar e demora menos tempo a plantar, mas resulta numa menor germinação (30-35%) e população de plantas (Singh *et al.*, 2009). O método de plantação em fileiras emparelhadas (espaçamento de 60:120 cm) deu uma produção de cana significativamente maior do que a plantação convencional (espaçamento de 75 cm entre fileiras) (Singh *et al.*, 2012). A plantação em sulcos poupa água de irrigação e reduz o acamamento das culturas devido à facilidade das operações de intercultura e de ligação à terra. A cana-de-açúcar, sendo uma cultura que exige muita água, sofre um grande revés devido ao comportamento imprevisível das monções na Índia subtropical. A cana-de-açúcar (complexo híbrido *Saccharum spp.*) é uma cultura altamente sensível à gestão. Durante o período de crescimento máximo, pode produzir cerca de meia tonelada de matéria seca por hectare e por dia, o que raramente se observa em qualquer outra cultura (Yadav, 1991).

A região do Konkan é dotada de uma precipitação garantida com uma média anual de 3500 mm. Apesar desta enorme precipitação, a região enfrenta escassez de água após a estação das monções. Assim, a utilização eficiente da água desempenha um papel importante na produção agrícola desta região. Tendo em conta a procura comercial de cana-de-açúcar nesta região, a sua produtividade tem de ser aumentada. Sendo uma planta C4, fisiologicamente é um dos mais eficientes conversores de energia solar em açúcar entre as plantas cultivadas. A cultura necessita de luz solar intensa para atingir o seu nível máximo. Assim, na estação das monções, a cultura sofre de stress solar. Além disso, os solos da região de Konkan têm uma elevada taxa de infiltração e uma baixa capacidade de retenção de água (Dongale *et al.* 1987). Isto resulta no desenvolvimento de um stress hídrico sempre encorajador de novembro a maio e, por conseguinte, a cultura necessita de uma grande quantidade de água.

A experimentação durante várias estações levou a recomendar a plantação de *suru* de cana-de-açúcar em Konkan durante os meses de dezembro a janeiro (Anónimo, 1981). O negócio Rasvanti, baseado na agricultura em grande escala, está a florescer em Konkan durante cerca de 200 dias por ano. Nesta região, um grande número de moinhos de cana-de-açúcar necessita de uma quantidade considerável de cana-de-açúcar para extrair o sumo. A variedade de cana-de-açúcar Co 92005 registou 10,68% mais rendimento de cana (128,69 t ha^{-1}), 7,52% mais rendimento de açúcar (18,19 t ha^{-1}), 12,26% mais rendimento de jaggrey (15,41 t ha^{-1}) e 6,32% mais recuperação de jaggery (12,03%) em comparação com CoC 671.

A cana-de-açúcar é propagada vegetativamente através de estacas de caule e a população de caules é um dos componentes mais importantes que regem o rendimento da cana que pode ser aumentado ajustando a densidade da planta. Além disso, um estande de cultura saudável e uniforme é um pré-requisito fundamental para um alto rendimento de cana. Em vez de cana inteira, os pegamentos são comumente usados para plantar cana de açúcar para reduzir a dominância apical observada no plantio de colmos inteiros (Orgeron *et al.*, 2007).

Tanto as condições de excesso como de défice de humidade no solo são prejudiciais para o crescimento das culturas. Por conseguinte, a monitorização e a programação adequadas da irrigação são essenciais para alcançar uma maior produtividade da cana. A programação da irrigação pode variar com as técnicas de plantação. Assim, era imperativo encontrar uma utilização eficiente da água através da programação da irrigação em combinação com os métodos de plantação.

Atualmente, a área cultivada com cana-de-açúcar está a aumentar no distrito de Sindhudurg, onde o potencial de irrigação durante o inverno e o verão é relativamente melhor do que no distrito de Ratnagiri. Além disso, as necessidades de irrigação da cana-de-açúcar são comparativamente menores no Konkan do que noutras partes do Maharashtra. Sendo a cana-de-açúcar uma cultura não convencional para os agricultores do Konkan, a maior parte deles opta por um método popular de plantação convencional de três estacas com gomos. Os estudos recentes a nível nacional revelaram que o método convencional de plantação de canas de três gomos é mais dispendioso, para além de desperdiçar material de semente valioso e de ter uma germinação deficiente, em comparação com a técnica recentemente desenvolvida pela Iniciativa Sustentável para a Cana-de-Açúcar (SSI) (Kumaran e Sangeetha, 2011). A utilização de colmos de cana-de-açúcar com uma única gema como material de plantação melhorou significativamente a germinação em viveiro e o perfilhamento em condições de campo, em comparação com colmos com duas gemas (Sanap, 2014). Portanto, para evitar o desperdício de material de semente, para aumentar a germinação, a sobrevivência e o comportamento do perfilhamento, os pegamentos de gema única devem ser preparados usando diferentes meios de germinação.

A cana-de-açúcar é uma cultura de longa duração e de alto rendimento, que responde à aplicação de fertilizantes. O alto custo de adubação e fertilização é um problema básico no cultivo de cana-de-açúcar. Essas dificuldades precisam ser resolvidas através da minimização da dose recomendada atual de fertilizante NPK, aumentando a eficiência do uso de fertilizantes sem sacrificar o rendimento da cana. Melhorias significativas em todos os caracteres de crescimento e rendimento de cana de açúcar foram notadas devido à forma de briquete sobre a forma não briquete (More *et al.*, 2004). O aumento da eficiência do uso de fertilizantes usando briquetes em vez de fertilizantes sem briquetes para a cana-de-açúcar também foi observado por More *et al.* (2012).

Assim, para estudar as diferentes configurações do terreno com técnicas de estabelecimento adequadas e para aumentar a eficiência da utilização de fertilizantes e avaliar a possibilidade de poupança de fertilizantes através de briquetes na cana-de-açúcar, a presente investigação intitulada "Efeito das configurações do terreno, técnicas de estabelecimento e fontes de nutrientes na cana-de-açúcar *suru* nas condições de Konkan" foi conduzida na Quinta Agronómica, Faculdade de Agricultura, Dapoli, durante as épocas de *suru* de 2014-2015 e 2015-2016, com os seguintes objectivos

1. Estudar o efeito das configurações do terreno no crescimento, rendimento e qualidade da cana-de-açúcar.
2. Estudar os efeitos das técnicas de estabelecimento no crescimento, rendimento e qualidade da cana-de-açúcar.
3. Estudar o efeito das fontes de nutrientes no crescimento, rendimento e qualidade da cana-de-açúcar.
4. Estudar os efeitos da interação entre as configurações do terreno, as técnicas de estabelecimento e as fontes de nutrientes no crescimento, rendimento e qualidade da cana-de-açúcar.
5. Estudar os aspectos económicos dos diferentes tratamentos.

CAPÍTULO II

REVISÃO DA LITERATURA

A produção de cana-de-açúcar é muito influenciada por vários factores, como o material de plantação, o espaçamento, a gestão de fertilizantes e as práticas de gestão da irrigação. A adoção de agro-técnicas adequadas desempenha um papel importante na melhoria da produtividade da cana-de-açúcar. Há uma necessidade, portanto, para a utilização criteriosa de insumos de cana de açúcar, particularmente material de plantio com diferentes configurações de terra para um alto perfilhamento para permitir uma maior produtividade e também reduzir o custo do material de semente. A aplicação adequada de fertilizante é outro fator, que está intimamente relacionado à produtividade e não foi adequadamente estudado com diferentes técnicas de estabelecimento. Um material de plantio com configuração de terra apropriada e fontes de nutrientes, são assim considerados cruciais para melhorar a produtividade da cana de açúcar. A disponibilidade adequada de água para a planta durante os estágios de crescimento e seu uso racional sem desperdício levam a uma alta produtividade e produção por unidade de quantidade de água aplicada. A informação disponível sobre as práticas de gestão da água, especialmente na irrigação por gotejamento na região de Konkan é escassa. A literatura relevante disponível sobre configurações de terra, materiais de plantio utilizados para o estabelecimento de culturas e fontes de nutrientes com seus efeitos sobre o crescimento, rendimento e qualidade da cana-de-açúcar é brevemente revista neste capítulo. A literatura referente ao "Efeito das configurações de terra, técnicas de estabelecimento e fontes de nutrientes na cana de açúcar suru sob condições de Konkan" é citada sob os seguintes títulos.

2.1 Efeito das configurações do terreno no desempenho da cana-de-açúcar

2.1.1 Efeito no crescimento

2.1.2 Efeito nos atributos de rendimento e no rendimento

2.1.3 Efeito na qualidade e na absorção de nutrientes

2.1.4 Efeito na economia

2.2 Efeito das técnicas de estabelecimento no desempenho da cana-de-açúcar

2.2.1 Efeito no crescimento

2.2.2 Efeito nos atributos de rendimento e no rendimento

2.1 Efeito das configurações do terreno no desempenho da cana-de-açúcar 2.1.1 Efeito no crescimento

Reddy (1981) realizou uma experiência de campo na Nizam Sugar Factory Ltd., Shankarnagar em Andhra Pradesh, e relatou que a circunferência da cana mostrou um aumento progressivo com o aumento da largura da entrelinha. Foi observada uma maior produção de perfilhos e uma maior percentagem de mortalidade de perfilhos em tratamentos com espaçamento entre fileiras mais estreito.

Singh *et al.* (1988) efectuaram uma experiência com diferentes espaçamentos entre linhas de 60, 75 e 90 cm e referiram que o espaçamento não tinha um efeito marcado na altura das plantas.

Rahman *et al.* (1993) referiram que os factores que contribuem para a produção, como o peso do caule e a altura da planta, eram quase semelhantes em todos os métodos de plantação (convencional, STP no solo e STP em sacos de polietileno).

Joshi e Zende (1999) afirmaram que a proporção de perfilhos aumentou com o transplante (3,7) do que com o plantio no solo (3,4).

Os testes de demonstração foram conduzidos no CSRS, Padegaon, Maharahtra (Anônimo, 2000) e foi observado que a taxa de perfilhamento foi máxima em mudas de cultura de tecido a 90 cm (11,1) seguido por conjuntos de gemas de um olho plantados a 60 cm de distância (8,8). O plantio de mudas de cultura de tecido a 90 cm de espaçamento entre fileiras registrou a altura máxima de cana moível (278 cm) e número de canas moíveis (1,24 lakh/ha), o plantio de conjuntos de gemas de um olho a 60 cm registrou a circunferência máxima (9,4 cm) e número de entrenós na colheita (22).

Bashir *et al.* (2000) estudaram a análise económica do cultivo da cana-de-açúcar cv. SPSG-394 em diferentes padrões de plantio *viz.*, 100 cm espaçados em covas quadradas (P1), 100 cm espaçados em covas circulares (P2), 90 cm espaçados em faixas de 2 linhas (P3) e 60 cm espaçados em linhas simples (P4) com quatro densidades de semeadura (100, 150, 200 e 250 milhares de gemas ha^{-1}). A combinação de tratamento de cana-de-açúcar semeada a 250 mil gemas ha^{-1} em covas quadradas deu o rendimento máximo de cana-de-açúcar (144,33 tha^{-1}).

Roodagi *et al.* (2001a) uma experiência foi conduzida no RSJRS, Kolhapur durante 2000-2001 em solo preto médio para comparar o efeito de plântulas de cultura de tecido (TCP) e pegamentos de broto de olho único. Foi revelado que a altura da cana moída (296 cm) e a cana moída registada foram máximas no espaçamento de 60 cm em comparação com o espaçamento de 90 cm entre fileiras. O aumento do espaçamento de 60 para 90 cm em ambos os tipos de materiais de plantação resultou num aumento do peso por cana. No entanto, foi observada uma tendência inversa nas canas moídas/ha: a área foliar aumentou até 210 dias após a plantação e depois diminuiu devido à senescência das folhas mais velhas.

Roodagi *et al.* (2001b) realizaram uma experiência de campo durante 1997-99 para estudar o efeito dos métodos de plantação nos parâmetros de crescimento e rendimento da cana-de-açúcar no Karnataka Institute of Applied Agricultural Research, Sameerwadi no distrito de Bagalkot. Os resultados revelaram que a altura da planta, o número de entrenós, a produção total de matéria seca, o índice de área foliar (LAI) em todos os estágios de crescimento e o rendimento da cana-de-açúcar foram máximos no método de plantio em fileiras emparelhadas em comparação com o plantio normal.

Bhullar *et al.* (2002) conduziram experiências de campo na Estação de Pesquisa de Cana-de-Açúcar, Jalandhar (Panjab) para estudar o efeito do método e densidade de plantio na germinação, crescimento e rendimento de cana de açúcar plantada tardiamente. Foram utilizados cinco métodos de plantação: plantação em condições adequadas de humidade do solo, seguida de plantação (P1); plantação em solo seco, seguida de plantação e irrigação (P2); plantação em sulcos, cobrindo os conjuntos de sementes com uma camada de solo de 2 cm, seguida de irrigação e sacha cega (P3); o mesmo que em P3, mas sem cobertura do solo (P4); e irrigação em sulcos e plantação em sulcos (P5) e três níveis de densidade de plantação: 90, 60 e linhas emparelhadas com espaçamento entre linhas de 60:30 cm. Os resultados indicaram que o comprimento da cana, a porcentagem de germinação, o número de perfilhos e o número de canas moídas foram máximos em P3 e foram iguais a P4 e P1, mas significativamente maiores que P2 e P5. Entre as densidades de plantio, em média, o plantio em linhas emparelhadas de 60:30 cm aumentou a produção de cana em 14,0 e 16,8% em comparação com o espaçamento entre linhas de 90 e 60 cm, respetivamente; a produção de cana com espaçamento de 90 e 60 cm foi igual.

Singh *et al.* (2008) realizaram uma experiência de campo em Lucknow, num solo argiloso, para estudar o efeito do método de plantação e da técnica de gestão da seca no crescimento, rendimento e qualidade da cana-de-açúcar plantada na primavera. Os resultados revelaram que a germinação mais alta (49,6%), o comprimento da cana (253,2 cm), a circunferência da cana (3,09 cm), o peso da cana (1,30 kg) e o rendimento da cana (87,6 t/ha), bem como o rendimento de açúcar (9,87 t/ha) foram registados sob o método de plantação de poço de anel (75 cm de diâmetro e 45 cm de profundidade com 120 cm de espaçamento) seguido pelo método de trincheira (120 cm de distância, trincheiras de 45 cm de profundidade). No entanto, o número mais alto de perfilhos (242,8 mil/ha) e de canas moídas (149,4 mil/ha) foi contado na cana-de-açúcar plantada a 60 cm de espaçamento entre linhas no método de plantio plano.

Zafar *et al.* (2010) estudaram o efeito de técnicas de plantio, ou *seja*, linhas de 60 cm de distância em semeadura plana e linhas de 120 cm de distância em técnica de semeadura em trincheira de cana-de-açúcar plantada na primavera, variedade HSF-240, em Faisalabad (Paquistão). A cana-de-açúcar plantada pelo método de trincheira apresentou maior índice de área foliar (LAI), taxa média de crescimento da cultura (ACGR) e atributos que contribuem para a produção em relação à semeadura plana.

Chavan *et al.* (2011) realizaram uma experiência em solo argiloso preto e argiloso no Centro de Investigação da Cana-de-Açúcar, Dr. P.D.K.V., Akola, e verificaram que o maior espaçamento inter e intra-linhas registou parâmetros de crescimento e rendimento significativamente mais elevados. O número de rebentos da cana^{-1} , o número de folhas e a folha da cana^{-1} , a acumulação de matéria seca da cana^{-1} (g), o diâmetro da cana, o número de canas moíveis (NMC), o torrão^{-1} , o peso da cana única, o número de entrenós da cana^{-1} , aumentaram significativamente com o aumento do espaçamento inter e intra-fileiras.

Patel *et al.* (2014) realizaram uma experiência de campo na Main Sugarcane Research Station, Navsari Agricultural University, Navsari (Gujarat) para estudar a influência da distância de plantação no crescimento da cana-de-açúcar. Os tratamentos consistiram na distância de plantação: 90 cm de plantação em linha normal, 120 cm de plantação em linha normal, 150 cm de plantação em linha normal e 30: 150 cm de plantação em linha dupla. Os resultados de dois anos de experiência indicaram que a plantação de cana-de-açúcar a 120 cm de distância foi significativamente superior no aumento do número de perfilhos, altura total da planta e acumulação de matéria seca em quase todas as fases de crescimento durante o período de estudo. O número de perfilhos por hectare foi registrado significativamente mais alto com a distância de plantio de 120 cm aos 90 e 180 dias após o plantio em comparação com a distância de plantio de 90 cm, porém permaneceu igual ao plantio em fileira dupla de 30:150 cm.

2.1.2 Efeito nos atributos de rendimento e no rendimento

Yadav (1991) conduziu uma experiência sobre a gestão de alta densidade populacional em cana-de-açúcar no Instituto Indiano de Pesquisa de Cana-de-Açúcar, Lucknow. Os resultados concluíram que, para manter uma alta densidade de população de brotos na cana de açúcar, a mortalidade de perfilhos poderia ser controlada fornecendo espaço suficiente através de reajuste na distância entre linhas para distribuição uniforme de luz no perfil da copa e também garantindo umidade ideal durante a fase de perfilhamento. Em um sistema de plantio em anel, 162 mil talos de cana moíveis ha^{-1} poderiam ser sustentados, o que rendeu 184 t ha^{-1} de cana. As geometrias de colocação de conjuntos paralelos e triangulares num sulco de base larga, sustentando 150 mil canas moíveis ha^{-1} , produziram 143 e 136,8 t ha^{-1} de cana, respetivamente.

Rahman *et al.* (1993) realizaram uma experiência em locais de Pesquisa de Sistema Agrícola (FSR) do Instituto de Pesquisa e Treinamento de Cana-de-Açúcar (SRTI) como Ishurdi, Jaipurhat e Thakurgaon para estudar o desempenho comparativo da cana-de-açúcar transplantada em comparação com a convencional sob condições de produtores com materiais de plantio convencionais (três conjuntos de gemas colocadas de ponta a ponta na trincheira), transplante espaçado (STP) de assentamentos de leito de solo (SBS) e transplante espaçado de assentamentos de sacos de polietileno (PBS). A cana de semente mais baixa (1,8 t ha^{-1}) foi necessária para os povoamentos com sacos de polietileno STP e a segunda cana de semente mais baixa (2,8 t ha^{-1}) para os povoamentos com camas de solo. A cana-semente mais elevada foi necessária na cana plantada convencionalmente e foi de 7,4 t ha^{-1} .

Randhawa *et al.* (1993) efectuaram estudos relativos ao efeito de algumas técnicas de plantação sobre o rendimento e a qualidade da cana-de-açúcar de outono em diferentes populações de plantas. As técnicas de plantação incluíam linhas simples com 60 cm de distância, faixas de linhas duplas com 90 cm de distância, faixas de linhas triplas com 90 cm de distância, faixas de 4 linhas com 90 cm de distância, faixas de linhas duplas com 120 cm de distância, faixas de linhas triplas com 120 cm de distância e faixas de 4 linhas com 120 cm de distância. Os resultados mostraram que, entre todas as sete técnicas de plantio, a cana-de-açúcar plantada usando o padrão de faixas de 4 fileiras com 90 cm de distância, produziu o maior rendimento de cana de 129,12 t ha^{-1} contra 126,90, 125,17, 120,42,

109,83, 108,72 e 98,27 t ha^{-1} para a cana plantada no padrão de faixas de fileiras triplas com 90 cm de distância, faixas de 4 fileiras com 120 cm de distância, faixas de fileiras duplas com 90 cm de distância, faixas de fileiras triplas com 120 cm de distância, fileiras simples com 60 cm de distância e faixas de fileiras duplas com 120 cm de distância, respetivamente.

Sundara (1995) no Sugarcane Breeding Institute, Coimbatore, relatou que o plantio de setts de cana de açúcar a 90 x 45 cm em sulcos e sulcos em solo preto médio deu 22,4 e 24,6 por cento de rendimento de cana e açúcar mais alto, respetivamente, sobre a colheita transplantada de mericlones.

Bashir *et al.* (2000) estudaram a análise económica do cultivo da cana-de-açúcar cv. SPSG-394 em diferentes padrões de plantio *viz.*, 100 cm espaçados em covas quadradas (Pi), 100 cm espaçados em covas circulares (P2), 90 cm espaçados em faixas de 2 linhas (P3) e 60 cm espaçados em linhas simples (P4) com quatro densidades de semeadura (100, 150, 200 e 250 milhares de gemas ha^{-1}). A combinação de tratamento de cana-de-açúcar semeada a 250 mil gemas ha^{-1} em covas quadradas deu o rendimento máximo de cana-de-açúcar (144,33 tha^{-1}).

O efeito da tecnologia de covas no rendimento da cana e na qualidade do sumo da cana de açúcar de outono foi investigado por Gaffar *et al.* (2000) no Paquistão e relatou que a plantação em covas de 90 cm espaçadas 90 x 90 cm deu o maior rendimento de cana (131 t/ha).

Bhullar *et al.* (2002) conduziram experiências de campo na Estação de Pesquisa de Cana-de-Açúcar, Jalandhar (Panjab) para estudar o efeito do método e densidade de plantio na germinação, crescimento e rendimento de cana de açúcar plantada tardiamente. Foram utilizados cinco métodos de plantação: plantação em condições adequadas de humidade do solo, seguida de plantação (P1); plantação em solo seco, seguida de plantação e irrigação (P2); plantação em sulcos, cobrindo as sementes com uma camada de solo de 2 cm, seguida de irrigação e sacha cega (P3); o mesmo que em P3, mas sem cobertura do solo (P4); e irrigação em sulcos e plantação em sulcos (P5) e três níveis de densidade de plantação: 90, 60 e linhas emparelhadas com espaçamento entre linhas de 60:30 cm. Os resultados indicaram que a produção de cana foi máxima em P3 e foi igual a P4 e P1, mas significativamente maior que P2 e P5. Entre as densidades de plantio, em média, o plantio em linhas emparelhadas de 60:30 cm aumentou o rendimento da cana em 14,0

e 16,8% em comparação com o espaçamento entre linhas de 90 e 60 cm, respetivamente; a produção de cana nos espaçamentos de 90 e 60 cm foi igual. Estes resultados concluíram que, em condições de sementeira tardia, a plantação em sulcos, cobrindo os pegamentos com uma camada de solo de 2 cm, seguida de irrigação e sacha cega e plantada em linhas emparelhadas (utilizando 75.000 pegamentos de três gemas ha^{-1}), foi o método de plantação mais benéfico.

Muhammad *et al.* (2005) realizaram uma experiência no Departamento de Agronomia da Universidade de Agricultura de Faisalabad para determinar um padrão de plantação adequado para o genótipo de cana-de-açúcar HSF-240. Os diferentes padrões de plantação incluídos na experiência foram: covas de 100 x 100 cm com 50 cm de distância, plantação em trincheiras com 120 cm de distância, plantação em faixas de duas linhas com 90 cm de distância e sistemas de plantação em linha única com 60 cm de distância. Entre os quatro padrões de plantio, a cana-de-açúcar plantada em covas de 100 x 100 cm com 50 cm de distância deu o maior rendimento de cana de 149,13 t/ha contra 120,54 t/ha, 74,67 t/ha e 68,42 t/ha para plantio em trincheiras com 120 cm de distância, plantio em faixas de linha dupla com 90 cm de distância e sistemas de plantio em linha única com 60 cm de distância, respetivamente.

Lomate *et al.* (2006) realizaram uma experiência de campo em vertisol para descobrir o efeito da configuração do terreno na exploração de um maior potencial de rendimento da soja. Foi revelado que a abertura do sulco após cada terceira linha registou um rendimento significativamente mais elevado do que a abertura do sulco após cada sexta linha e a cama plana. A abertura do sulco após cada 6th fileira também foi significativamente superior à cama plana.

Singh *et al.* (2008) realizaram uma experiência de campo em Lucknow, num solo argiloso, para estudar o efeito do método de plantação e da técnica de gestão da seca no crescimento, rendimento e qualidade da cana-de-açúcar plantada na primavera. Os resultados revelaram que a produção mais elevada de cana (87,6 t/ha), bem como a produção de açúcar (9,87 t/ha), foram registadas com o método de plantação em covas circulares (75 cm de diâmetro e 45 cm de profundidade com um espaçamento de 120 cm) seguido do método de trincheiras (120 cm de distância, trincheiras de 45 cm de profundidade).

Bhullar *et al.* (2008) realizaram uma experiência de campo em Ladhowal, em cana-de-açúcar (*Saccharum* spp.) planta (2004-05 e 2005-06) e soca (2005-06 e 2006-07), para determinar a combinação adequada de método de plantação e taxa de sementes para o sistema de cana-de-açúcar planta-soca. Três métodos de plantio, *viz.* plano (plantio convencional em sulcos de 15 cm de profundidade espaçados 75 cm), trincheira (plantio em fileiras emparelhadas em ambos os lados da trincheira 30 cm de largura, 30 cm de profundidade, espaçados 120 cm), cova (60 cm de diâmetro, 45 cm de profundidade, espaçados 120 cm) junto com três taxas de semeadura, viz. 4.0 t/ha (transplantado), 8.0 t/ha (plantio de assentamento, recomendado) e 16.0 t/ha (plantio de assentamento). O plantio em trincheiras registrou o maior número de brotos e de canas moídas. O método de plantio não influenciou o rendimento da cana e do açúcar na cultura de plantas, mas o rendimento da cultura de soqueira na trincheira foi significativamente maior do que no método convencional, mas foi igual ao do método de cova.

Patil *et al.* (2010) realizaram uma experiência de campo para conhecer o efeito da cobertura morta e da configuração do terreno na utilização da humidade, na eficiência da utilização da humidade e no rendimento da soja (*Glycine max* L) no Departamento de Agronomia, Dr. Panjabrao Deshmukh Krishi Vidyapeeth, Akola, durante a estação *Kharif* de 2006. Entre os tratamentos de configuração do terreno, a menor utilização de humidade foi registada em sulcos (290,89 mm), seguida da abertura de sulcos após cada duas filas (294,22 mm) e a maior em leito plano (303,91 mm). A eficiência da utilização da humidade foi mais elevada na parcela de tratamento de sulcos (6,23 kg/ha-mm), seguida da abertura de sulcos de duas em duas linhas (5,99 kg/ha-mm) e mais baixa na cama plana (4,90 kg/ha-mm). O tratamento de sulcos e camalhões registou um rendimento significativamente mais elevado de soja em comparação com o método de sementeira em cama plana.

Zafar *et al.* (2010) estudaram o efeito das técnicas de plantio, ou *seja*, linhas de 60 cm de distância na semeadura plana e linhas de 120 cm de distância na técnica de semeadura em trincheira da cana-de-açúcar plantada na primavera, variedade HSF-240, em Faisalabad (Paquistão). A cana-de-açúcar plantada pelo método de trincheira exibiu mais atributos que contribuem para o rendimento, produzindo 72,22 e 75,08 t ha^{-1} rendimentos de cana descascada, mostrando significativamente superioridade sobre a semeadura plana, que deu 64,13 e 66,04 t ha^{-1} rendimentos de cana descascada em 2005-06 e 2006-07, respetivamente.

Chavan *et al.* (2011) realizaram uma experiência em solo argiloso preto e argiloso no Centro de Investigação da Cana-de-Açúcar, Dr. P.D.K.V., Akola, e verificaram que o maior espaçamento inter e intra-linhas registou parâmetros de crescimento e rendimento significativamente mais elevados. ^{1}O número de rebentos de cana^{-1} , o diâmetro da cana, o número de canas moíveis (NMC), o peso da cana única e o número de entrenós de cana^{-1} aumentaram significativamente com o aumento do espaçamento inter e intra-linhas.

Singh *et al.* (2012) realizaram uma experiência de campo em Pantnagar (Uttarakhand) para avaliar o impacto dos métodos de plantação e dos calendários de irrigação na produtividade e na qualidade da cana-de-açúcar. A experiência consistiu em três métodos de plantação: convencional (espaçamento entre linhas de 75 cm), FIRBS (espaçamento entre linhas de 75 cm) e método de plantação em linha emparelhada (espaçamento 60:120 cm). A avaliação dos métodos de plantio mostrou que o plantio em linha emparelhado (72,3 t ha^{-1}), sendo igual ao FIRBS (69,1 t ha^{-1}), deu um rendimento de cana significativamente maior do que o plantio convencional (67,1tha^{-1}).

Kumar *et al.* (2014) realizaram uma experiência de campo em Pantnagar, Uttarakhand, para avaliar o efeito das práticas de lavoura antes da plantação e dos métodos de estabelecimento da cultura na cana-de-açúcar, tendo revelado que a plantação em trincheiras produziu um rendimento de cana equivalente ao dos métodos de cova e de cumeeira e sulco, mas resultou num rendimento de cana significativamente mais elevado do que as plantações em trincheiras planas e de linha dupla.

Prabhakar *et al.* (2014) realizaram uma experiência para estudar o efeito da geometria de plantação e dos níveis de azoto no crescimento, rendimento e qualidade da cana-de-açúcar. Os resultados revelaram que a plantação em linhas emparelhadas (75/105 cm) registou uma circunferência da cana significativamente mais elevada, peso da cana, população de cana moível e rendimento da cana em relação à plantação normal (90 cm) em ambos os anos.

Singh e Brar (2015) realizaram uma experiência em Faridkot (Punjab), para estudar a influência dos métodos de plantação e dos calendários de irrigação nos rendimentos da cana e do açúcar e na produtividade da água da cana-de-açúcar. Os sistemas de plantação FIRB e de trincheiras em linhas emparelhadas, embora estatisticamente iguais entre si, resultaram em rendimentos de cana-de-açúcar e de açúcar significativamente mais elevados do que a cana-de-açúcar convencional plantada em linhas planas. Os sistemas de trincheira de fileiras emparelhadas e FIRB produziram 16,1 e 13,7, e 16,9 e 14,1 % mais rendimento de cana e açúcar do que o plantio convencional, respetivamente.

2.1.3 Efeito na qualidade e na absorção de nutrientes

Reddy (1981) efectuou uma experiência de campo na Nizam Sugar Factory Ltd, Shankarnagar, em Andhra Pradesh, e relatou que não havia variação na qualidade do sumo devido a vários espaçamentos entre fileiras de 90 a 180 cm.

Singh e Singh (1984) referiram que o espaçamento entre linhas não influenciou significativamente o brix por cento.

Gaikwad e Sundara (1993) observaram que o sistema de anéis não tem efeito na qualidade da cana do que a plantação convencional.

Rahman *et al.* (1993) referiram que os parâmetros de qualidade eram quase semelhantes em todos os métodos de plantação (convencional, cama de solo STP e polybag STP).

Randhawa *et al.* (1993) efectuaram estudos relativos ao efeito das técnicas de plantação no rendimento e na qualidade da cana-de-açúcar de outono em diferentes populações de plantas. As técnicas de plantação incluíam linhas simples com 60 cm de distância, faixas de linhas duplas com 90 cm de distância, faixas de linhas triplas com 90 cm de distância, faixas de 4 linhas com 90 cm de distância, faixas de linhas duplas com 120 cm de distância, faixas de linhas triplas com 120 cm de distância e faixas de 4 linhas com 120 cm de distância. Os teores de sacarose no caldo de cana não foram afectados significativamente pelas várias técnicas de plantação utilizadas neste estudo.

Raskar e Bhoi (2004) investigaram o efeito do espaçamento entre fileiras e indicaram que a absorção de N, P e K por tonelada de cana aumentou com o aumento do espaçamento entre fileiras de 30 para 90 cm. O assentamento em sacos de polietileno registou uma maior absorção de nutrientes do que a plantação de plântulas de cultura de tecidos. A perda de N diminuiu com o aumento do espaçamento entre fileiras, mas aumentou com o aumento dos níveis de fertilizante de 125% RDF. O ganho líquido de P e K disponíveis no solo foi observado com os níveis de fertilizante. A perda de N foi máxima com a plantação de plântulas de cultura de tecidos. O ganho em P e K após a colheita da soca foi observado em ambos os materiais de plantação, mas o ganho foi máximo com a plantação de sacos de polietileno.

Bhatnagar e Saini (2005) registaram a maior absorção de N, P e K (kg ha^{-1}) no espaçamento entre linhas de 60 cm foi de 16,8, 2,1, e 24,4 (kg ha^{-1}) seguido de 75 cm 14,8, 1,9 e 21,9 (kg ha^{-1}) de topo verde na colheita.

Muhammad *et al.* (2005) realizaram uma experiência no Departamento de Agronomia da Universidade de Agricultura de Faisalabad para determinar um padrão de plantação adequado para o genótipo de cana-de-açúcar HSF-240. Os diferentes padrões de plantação incluídos na experiência foram: covas de 100 x 100 cm com 50 cm de distância, plantação em trincheiras com 120 cm de distância, plantação em faixas de duas linhas com 90 cm de distância e sistemas de plantação em linha única com 60 cm de distância. A percentagem de sacarose não foi afetada significativamente pelos diferentes padrões de plantação.

Singh *et al.* (2008) realizaram uma experiência de campo em Lucknow para estudar o efeito do método de plantação e da técnica de gestão da seca no crescimento, rendimento, qualidade e absorção da cana-de-açúcar plantada na primavera com irrigações limitadas em solo argiloso. A qualidade do sumo, *nomeadamente* brix, pol, pureza e CCS (%), foi significativamente afetada pelo método de plantação. A plantação de cana-de-açúcar em covas anulares registou um brix significativamente mais elevado (18,67), pol % (16,22) e CCS % (11,12) do que outros métodos de plantação. A produção de açúcar, que é uma função da qualidade e da produção de cana, foi significativamente mais alta no plantio em covas anelares (9,87 t/ha). A absorção de K significativamente mais elevada (185,8 kg/ha) ocorreu na plantação em covas anelares, seguida pelo método de trincheiras.

Chavan *et al.* (2011) relataram que a maior absorção de NPK foi registada a 60 cm de espaçamento entre linhas, enquanto o N disponível, P2O5 e K2O no solo aumentaram com o aumento do espaçamento entre linhas. A absorção de NPK aumentou com o aumento dos níveis de fertilidade e a maior absorção de NPK foi registada com a aplicação de mais 50% de FTR, enquanto que o teor de N e K2O disponível no solo foi obtido com mais 50% de FTR, mas o teor de P no solo não foi significativo.

1.1.4 Efeito na economia

Sundara (1995) relatou que os rendimentos líquidos e a relação B:C eram mais elevados no espaçamento de 45 cm entre linhas em comparação com os espaçamentos de 15, 30 e 60 cm entre linhas de plântulas de cana-de-açúcar plantadas num espaçamento de 90 cm entre sulcos num solo médio em Coimbatore

Bashir *et al.* (2000) estudaram a análise económica do cultivo da cana-de-açúcar cv. SPSG-394 em diferentes padrões de plantio e densidades de semeadura. Os padrões de plantio foram: covas quadradas com 100 cm de espaçamento (Pi), covas circulares com 100 cm de espaçamento (P2), faixas de 2 linhas com 90 cm de espaçamento (P3) e linhas simples com 60 cm de espaçamento (P4). As densidades de semeadura incluíram 100, 150, 200 e 250 mil brotos ha^{-1} . A cana-de-açúcar cultivada em faixas de duas linhas (P3) deu o benefício líquido máximo de Rs. 32420 ha^{-1} . A cultura plantada a 250 mil gemas ha^{-1} deu o benefício líquido máximo de Rs. 29647 entre as densidades de semeadura. Em 90 cm de espaçamento de 2 linhas, a cultura plantada a 150, 200 e 250 mil brotos ha^{-1} (P3D2, P3D3 e P3D4) exibiu o benefício líquido máximo de Rs. 32974, 34637 e 33805 por hectare, respetivamente.

O efeito da tecnologia de covas no rendimento da cana e na qualidade do sumo da cana de açúcar de outono foi investigado por Gaffar *et al.* (2000) no Paquistão e relatou que a plantação em covas de 90 cm espaçadas 90 x 90 cm deu o maior rendimento líquido (Rs. 56382/ha).

A plantação de plântulas de cultura de tecidos com um espaçamento de 60 cm entre linhas resultou numa perda máxima em comparação com o espaçamento de 90 cm entre linhas. Mas a plantação de rebentos de olho único com um espaçamento de 60 cm resultou num lucro líquido máximo em comparação com o espaçamento de 90 cm entre fileiras (Anónimo, 2001).

Singh *et al.* (2008) realizaram uma experiência de campo durante a estação da primavera de 2005-06 e 2006-07 para estudar o efeito do método de plantação e da técnica de gestão da seca no crescimento, rendimento e qualidade da cana-de-açúcar plantada na primavera (complexo híbrido *Saccharum*) com irrigações limitadas em solo argiloso em Lucknow. Foi revelado que os rendimentos líquidos mais elevados (Rs 54.654/ha) foram obtidos pelo método de plantação em covas circulares, seguido do método de trincheiras.

Singh e Brar (2015) A presente experiência foi conduzida entre 2009-10 e 2011-12 em

Faridkot, Punjab, para estudar a influência dos métodos de plantação e dos calendários de irrigação nos rendimentos da cana e do açúcar e na produtividade hídrica da cana-de-açúcar (*Saccharum officinarum*). Os sistemas de plantação FIRB e de trincheiras em fileiras emparelhadas registaram maiores rendimentos líquidos e relação benefício/custo do que a plantação convencional, respetivamente.

2.2 Efeito das técnicas de estabelecimento no desempenho da cana-de-açúcar

2.2.1 Efeito nos atributos de crescimento

Kharkar e Kulkarni (1957) observaram que a plantação de um único rebento resultou num perfilhamento profuso.

A cana plantada em assentamento resultou em melhor crescimento produzindo grandes fontes e sumidouros que aumentam a área foliar e o tamanho da cana. Isto implica uma maior síntese e acumulação de sacarose (Alexander, 1973).

Silverio (1977) não relatou diferenças para o comprimento do caule de plantas derivadas de cultura de tecidos, em comparação com o plantio em covas. No entanto, ele relatou um diâmetro significativamente menor da cana em plantas derivadas de cultura de tecidos, em comparação com o plantio em pegamentos.

O Instituto Indiano de Pesquisa de Cana-de-Açúcar, Lucknow, desenvolveu um método de plantio *chamado* técnica de transplante espaçado, *ou seja,* STP (Anônimo, 1976 e Srivastava *et al.* 1981). Neste método, mudas de gema única são criadas em viveiro a partir de mudas de olho único e transplantadas no campo real após cerca de quatro semanas quando as mudas têm de 2 a 3 folhas verdes.

Shinde (1984) estudou que a sobrevivência inicial da planta era melhor na cana plantada em comparação com a plantação de assentamento e a taxa de perfilhamento, bem como o número de rebentos/ha, eram mais elevados no assentamento transplantado.

Nagai e Harris (1990) relataram que a altura e o número de caules eram maiores em parcelas plantadas com plântulas de cultura de tecidos, em comparação com as parcelas de colonização.

A transplantação de plântulas com um espaçamento de 45 ou 60 cm entre fileiras registou um peso de cana único significativamente mais elevado em solo franco-argiloso arenoso de Coimbatore (Ramesh, 1993).

Rahman *et al.* (1993) conduziram um experimento para avaliar o perfilhamento relativo e a produtividade de duas variedades de cana-de-açúcar *Isd-16* e *Isd-18* sob três métodos de plantio, como o convencional, plantio direto espaçado (DSP) e técnicas de transplante espaçado (STP). O espaçamento mais próximo entre plantas resultou em maior mortalidade de perfilhos do que o espaçamento mais amplo entre plantas. A variedade *Isd-18 obteve um número* significativamente maior de talos moíveis sob DSP e a mesma apresentou melhor desempenho sob STP a um espaçamento de 60 cm entre plantas na fazenda SRTI.

Selvaraju (1994) revelou que o número de canas moídas produzidas pelo mericlone foi significantemente maior do que o plantio no solo. Como a cana de açúcar é uma cultura de perfilhamento, o plantio espaçado com uma taxa de semente mais baixa foi o caminho para a produção de uma população total de brotos com alta capacidade de perfilhamento. O método de plantio de saco poli fornece uma solução para a produção de uma população ótima de cana moída com alto perfilhamento (Willam, 1993 e Venugopal, 1996)

Lai e Krishna (1997) em Seorahi (Kanpur) em solos aluviais de Bhat observaram que a cana de semente derivada de mericlones deu um brotamento significativamente maior (7,36%) em comparação com o plantio no solo.

Uma experiência foi conduzida no RSJRS, Kolhapur, em solo preto médio para comparar o efeito de plântulas de cultura de tecidos (TCP) e de assentamento de broto de olho único sob irrigação de superfície e constatou que a altura, a circunferência e o peso por cana moível eram de 243 cm, 6,7 cm e 0,868 kg, respetivamente, na cana de TCP contra 288 cm, 9,7 cm e 1,276 kg sob plantio de assentamento. O número de canas moíveis foi 27% maior no TCP, mas a circunferência e o peso por cana afetam o rendimento total do TCP. O plantio de assentamento deu 15 e 17% mais rendimento de cana e CCS do que plântulas de cultura de tecido (Anônimo, 2001).

Treder (2008) observou que as plantas cultivadas em turfa de coco tinham um número significativamente mais elevado de folhas e rebentos. O número de rebentos foi 34 por cento mais elevado na turfa de coco em comparação com o meio de controlo.

Jain *et al.* (2010) relataram que a cana-de-açúcar é normalmente propagada por estacas de caule que consistem em 2 a 3 gemas. No sistema convencional, cerca de 6 a 8 toneladas de canas-semente ha^{-1} são usadas como material de plantio. Estabelecer a cultura de cana de açúcar usando pedaços de gemas em vez de estacas poderia economizar cerca de 80% do peso do material do talo. As aparas de gemas tratadas com ethephon (2 Chloroethyl ácido fosfónico) @100 mg l^{-1} e CaCl2 @0,1 por cento registaram maior peso fresco de rebentos e índice de vigor da planta.

Singh *et al.* (2010) cultivaram cana-de-açúcar usando canas de gema única colocadas verticalmente em ambos os lados de canteiros elevados de 75 cm de largura formados alternadamente com sulcos de 30 cm de largura. Em média, a plantação vertical de gema única registou uma germinação 74,4 por cento mais elevada e uma produção de cana 34,2 por cento mais elevada em comparação com a plantação convencional com três gemas em sulcos espaçados a 90 cm de germinação 37,0 por cento e uma produção de 6,59 t ha^{-1} .

Chavan *et al.* (2011) verificaram que o maior espaçamento inter e intra-linhas registou parâmetros de crescimento e rendimento significativamente mais elevados. O número de rebentos da $cana^{-1}$, o número de folhas e o número de folhas da $cana^{-1}$, a acumulação de matéria seca da $cana^{-1}$ (g), o diâmetro da cana, o número de canas moíveis (NMC) do $torrão^{-1}$, o peso da cana única, o número de entrenós da $cana^{-1}$, aumentaram significativamente com o aumento do espaçamento inter e intra-linhas.

Natarajan (2011) observou que o perfilhamento é um dos principais factores que contribuem para uma maior produtividade no âmbito da SSI. O potencial de perfilhamento sob SSI é muito alto devido ao transplante de mudas de brotos, espaçamento amplo entre linhas e aplicação de umidade no nível necessário. O perfilhamento sob o sistema convencional é muito baixo, as canas moídas resultam mais de uma taxa de sementes muito alta do que do potencial de perfilhamento inerente das gemas plantadas. Com apenas dois ciclos de perfilhamento a partir dos brotos-mãe, o número de perfilhos poderia facilmente ultrapassar 20 por touceira se as condições ideais fossem fornecidas. O perfilhamento pode ser melhor se forem plantadas mudas mais jovens com 20 dias de idade.

Sathiya *et al.* (2011) observaram que o transplante de cana através da utilização de mudas de rebentos em estilha registou uma melhoria significativa no estabelecimento e vigor do que a plantação direta de estacas *in situ*. O transplante de plântulas de rebentos em estilha registou uma maior germinação e número de rebentos do que o transplante de rebentos em estilha.

Um experimento de campo foi conduzido para avaliar diferentes materiais de plantio, ou *seja*, mudas de gemas simples, poly bag e chip de gemas de genótipos promissores de cana de açúcar para sua sobrevivência, crescimento, rendimento e qualidade. A técnica de mudas de broto foi considerada superior no que diz respeito à porcentagem de sobrevivência (97,19%) seguida por mudas de saco plástico (92,63%) em comparação com o plantio de cana-de-açúcar de brotos de olho único com 88,6% de sobrevivência. Um número significativamente mais alto de canas moíveis (1.10 Lac/ha), dois conjuntos de plantio de gemas (9.51 Lac/ha) e perfilhos em 120 dias (1.87 Lac/ha) foram registrados nas parcelas de técnicas de plantio de mudas de gemas em comparação com o plantio de conjuntos de gemas de olho único e plantio de mudas de sacos de polietileno. Maior altura de cana moível (227,53 cm) e rendimento de cana de semente (dois conjuntos de gemas 8,61 Lac/ha) registrados na técnica de plantio convencional (225,03 cm e 7,82 Lac/ha), respetivamente (Anônimo, 2012).Jamuna e Nazeer (2012) relataram que as mudas cultivadas com cocopeat, vermicomposto e 2 por cento de mistura de micronutrientes em combinação com 1 por cento de fungos AM + 0,1 por cento G. O plantio de três nós de cana pré-brotados registou uma contagem de rebentos significativamente mais elevada (162,3 mil/ha aos 150 DAP) do que a técnica convencional (151 mil/ha aos 150 DAP) (Anónimo, 2013).

2.2.2 Efeito nos atributos de rendimento e rendimentoSilverio (1977) não relatou diferenças significativas com respeito ao rendimento de cana, conteúdo de açúcar e rendimento de açúcar de plantas derivadas de cultura de tecido, em comparação com o plantio de cana de açúcar em canteiros. O transplante de mudas de gema única a 30 e 60 cm de distância dentro de uma fileira deu um rendimento menor de 176,70 e 166,77 MT/ha respetivamente do que o método convencional de plantio de três mudas de gemas que rendeu 183,80 MT/ha. Os resultados dos ensaios conduzidos em Lucknow, Pantnagar, Sehore e Shahajanpur sob o Projeto de Pesquisa Coordenada de Toda a Índia sobre Cana-de-Açúcar mostraram que o método de transplante espaçado produziu um rendimento mais baixo do que o método convencional de plantio (Anônimo, 1978). Rahman *et al.* (1993) conduziram um experimento para avaliar o perfilhamento relativo e a produtividade de duas variedades de cana de açúcar *Isd-16* e *Isd-18* sob três métodos de plantio como o convencional, plantio direto espaçado e técnicas de transplante espaçado. O espaçamento mais próximo entre plantas resultou em maior mortalidade de perfilhos do que o espaçamento mais amplo entre plantas. A variedade *Isd-18 obteve um número* significativamente mais elevado de caules moídos em plantação direta e a mesma apresentou um melhor desempenho em transplante espaçado a 60 cm de distância entre plantas. A maior produção de cana foi obtida na variedade *Isd-18* em ambos os locais sob transplante espaçado com espaçamento de 60 cm entre plantas. O peso médio do caule foi afetado pelo espaçamento entre plantas e a porcentagem de sacarose recuperável foi encontrada um pouco mais alta no plantio direto espaçado e no transplante espaçado em comparação com o plantio convencional. Kathiresan e Selvaraj (1998) revelaram que a produção de cana de 132,1 e 125,0 t/ha e a produção de açúcar de 14,8 e 14.Os ensaios de demonstração foram conduzidos na CSRS, Padegaon (MS) durante 1998-99 e 1999-2000 e foi observado que o plantio de brotos de olho único em 60 cm de espaçamento intra-fila produziu o máximo rendimento de cana. No entanto, o plantio de mudas de cultura de tecido a 90 cm de espaçamento entre fileiras registrou o rendimento máximo de cana e CCS de cana de açúcar (Anônimo, 2000). Bhoopathi *et al.* (2000) compararam o plantio de polybag e o plantio direto de campo de mudas em Coimbatore e mostraram que a produtividade de assentamento era 15% maior do que mudas de cana de açúcar plantadas diretamente.Um experimento foi conduzido no RSJRS, Kolhapur durante 2000-2001 em solo preto médio para comparar o efeito de plântulas de cultura de tecido (TCP) e assentamento de gema de olho único sob irrigação de superfície. A altura, a circunferência e o peso por cana moível foram de 243 cm, 6,7 cm e 0,868 kg, respetivamente, na cana de TCP contra 288 cm, 9,7 cm e 1,276 kg sob plantio de assentamento. O número de canas moíveis foi 27% maior no TCP, mas a circunferência e o peso por cana afetam o rendimento total do TCP. Shukla e Lal (2003) conduziram um experimento de campo em Lucknow , U.P. e registraram um máximo significativo de canas moíveis (124480 ha^{-1}) com o plantio de gemas simples. O plantio vertical de pegamentos de gema única registrou um número significativamente maior de canas moíveis (75210 ha^{-1}) do que o plantio convencional (70730ha^{-1}). Shrivastava *et al.* (2006) realizaram uma experiência de campo em Lucknow, U.P. Singh *et al.* (2010) realizaram uma experiência de campo com areia argilosa na Universidade Agrícola de Punjab, Ludhiana, e observaram que a cultura de cana-de-açúcar cultivada com cana de cana de cana de botão único registou 34.2 por cento mais elevada em comparação com a plantação convencional com três gemas, que registou uma produção de 6,59 t ha^{-} 1Chand *et al.* (2011) realizaram uma experiência de campo em Kamal e revelaram que as gemas simples e as mudas de cana pré-germinadas produziram canas e uma produção de açúcar significativamente mais elevadas quando comparadas com duas gemas.Kadlag *et al.* (2011) realizaram uma experiência de campo com cana-de-açúcar em pré-safra na MPKV, Rahuri, durante 2003-04. Os resultados revelaram que o plantio de cana-de-açúcar com a técnica de plantio de assentamento registrou um rendimento de cana significativamente maior do que a técnica de plantio de sacos de polietileno. No ensaio de campo para estudar o efeito de diferentes materiais de plantio, *como* pegamentos de gema única, sacos de polietileno e mudas de gemas de genótipos promissores de cana-de-açúcar no rendimento, observou-se que um rendimento de cana de semente significativamente maior foi registrado em dois pegamentos de gemas, em comparação com a técnica de plantio convencional. (O plantio de três conjuntos de gemas registrou um rendimento de açúcar significativamente mais alto (9,09 t ha^{-1}) do que o método convencional (8,16 t ha^{-1}) (Anônimo, 2013). Singh *et al.* (2013) conduziram experimentos de campo de 2008-09 a 201011 na Estação Regional da Universidade Agrícola de Punjab, Faridkot, para estudar o efeito da taxa de sementes, tamanho do conjunto e tratamento de sementes na cana-de-açúcar plantada na primavera. Os resultados indicaram uma melhor produção de cana em dois e três pegamentos com gemas, em comparação com pegamentos com uma única gema. Uma maior produção de cana em 100% da taxa de semente recomendada foi observada apenas quando três gemas foram usadas. Considerando que, no caso de pegamentos com uma e duas gemas, os rendimentos de cana e açúcar foram iguais em ambas as taxas de sementes recomendadas de 100 e 75 %, indicando a possibilidade de economizar a cana-semente usando pegamentos com duas gemas.

Patel e Patel (2014) conduziram uma experiência de campo na Estação Regional de Pesquisa de Cana-de-Açúcar, Navsari, Gujarat (Índia) durante 2008-09 a 2010-11 para estudar a influência do tamanho do pegamento, taxa de semente e tratamento de pegamento no rendimento da cana-de-açúcar. Os resultados do experimento indicaram que o plantio de cana-de-açúcar com dois brotos foi significativamente superior no aumento do número de canas moíveis (110250 ha !), rendimento de cana (110,42 t ha^{-1}) em comparação com três e brotos únicos durante todos os três anos de experimentação. O aumento na produção de cana foi de 6,86% e 25,72% em três e dois brotos, respetivamente, em comparação com um único broto.

Kumar *et al.* (2014) realizaram uma experiência de campo em Pantnagar, Uttarakhand, para avaliar o efeito das práticas de lavoura pré-plantação e dos métodos de estabelecimento de culturas na cana-de-açúcar de verão durante 2012-13. A cultura cultivada na ausência de preparo do solo antes do plantio deu um rendimento de cana 1,4 t/ha maior. Também resultou em açúcar de cana comercial (CCS) marginalmente mais alto em comparação com a lavoura convencional. O plantio em trincheira resultou no rendimento máximo de cana (90,8 t/ha) e CCS (10,7t/ha).

2.2.3 Efeito na qualidade e na absorção de nutrientes

Bhosale (1949) relatou a utilização bem sucedida de estacas duplas de rebentos, que se acredita produzirem culturas mais ricas em açúcar do que as obtidas pelos métodos habituais de plantação de estacas de três gomos.

Kale e Deshpande (1956) relataram que, os rebentos triplos deram definitivamente um rendimento mais elevado do que os rebentos simples ou duplos, mas a percentagem de açúcar disponível na cana de um campo plantado com rebentos duplos foi consideravelmente mais elevada do que a dos rebentos triplos.

Silverio (1977) não relatou diferenças no teor de açúcar e no rendimento de açúcar de plantas derivadas de cultura de tecidos, em comparação com o plantio no solo.

Matin *et al.* (1989) conduziram um experimento para avaliar o perfilhamento relativo e a produtividade de duas variedades de cana de açúcar Isd 16 e Isd 18 sob três métodos de plantio como convencional, plantio direto espaçado e transplante espaçado. Eles relataram que a porcentagem de sacarose recuperável foi encontrada um pouco mais alta sob plantio direto espaçado e transplante espaçado comparado ao plantio convencional.

O desempenho qualitativo das plantas derivadas do transplante de mericlones e do plantio de pegadas foi comparado em Coimbatore e não se observaram diferenças significativas na qualidade do sumo (Anónimo, 1993).

Ramesh (1993), ao estudar o efeito da geometria de plantação em Coimbatore, num solo argilo-arenoso, referiu que a transplantação de mudas com um espaçamento de 45 ou 60 cm entre fileiras registava uma percentagem de açúcar de cana significativamente mais elevada do que a plantação de mudas.

Khan *et al.* (1998) efectuaram uma experiência durante a campanha de 1988-89 na exploração Jamalpur da Thakurgaon Sugar Mills. Os autores referiram que a recuperação (%) de açúcar não foi significativamente afetada pela origem dos materiais de plantação. A recuperação máxima de açúcar, de 8,1%, foi obtida a partir de mudas de cama de solo, seguidas de mudas convencionais de três gemas, enquanto a mínima, de 7,5%, foi obtida a partir de dois toletes de Rayungan. No entanto, em condições de sequeiro, os dois conjuntos de gemas também deram a maior recuperação de 9,8% e o polybag deu a menor recuperação de açúcar de 8,9%. Parece que o nível de recuperação de açúcar (%) na cana de sequeiro foi mais elevado (1,4-1,7 %) do que na cana de regadio.

Rahman (1998) realizou uma experiência na zona agro-ecológica de Modhpur durante o período de colheita de 1995-1996 para estudar o efeito de diferentes tipos de assentamento de diferentes variedades no rendimento e nos caracteres que contribuem para o rendimento da cana de açúcar. Foi relatado que os assentamentos tiveram um efeito significativo no brix (%) foi obtido a partir de assentamentos de polybag com um olho que foi estatisticamente semelhante aos assentamentos de leito de solo com dois olhos. No entanto, o brix mais baixo (%) foi produzido a partir de mudas de solo com um olho.

As plântulas de cultura de tecidos (TCP) foram plantadas com espaçamentos intra-fileiras de 30, 60 e 90 cm e o broto de olho único foi plantado no mesmo espaçamento em fileiras emparelhadas (90-180 cm). O rendimento significativamente mais elevado *de* cana e CCS *da* cana-de-açúcar *suru* foi registado com um espaçamento de 90 cm entre linhas, que foi igual ao espaçamento de 60 cm. As diferenças nos parâmetros de qualidade não foram afectadas pelo espaçamento (Anónimo, 2000).

Uma experiência conduzida no RSJRS, Kolhapur, revelou que os valores dos parâmetros de qualidade eram mais altos na cana plantada com mudas de broto de olho único em comparação com a plantação de plântulas cultivadas em tecido (Anônimo, 2001).

Shukla e Lal (2003), numa experiência de campo realizada em Lucknow, U.P., revelaram que a qualidade do sumo de cana-de-açúcar (brix, pol e pureza) não apresentava variações significativas devido a diferentes plantações de gemas individuais.

Kadlag *et al.* (2011) realizaram uma experiência de campo sobre a cana-de-açúcar em pré-safra no MPKV, Rahuri, durante 2003-04. Os resultados revelaram que o plantio de cana-de-açúcar com a técnica de plantio em canteiros registrou maior brix e porcentagem de sacarose do que a técnica de plantio em sacos plásticos. A percentagem de pureza foi considerada não significativa devido às técnicas de plantação.

Patel e Patel (2014) relataram que, o rendimento de açúcar não exibiu qualquer efeito superior devido a vários tamanhos de assentamento, no entanto, o rendimento de açúcar mais alto e mais baixo foi registado com dois e um único botão de assentamento, respetivamente. A diferença em todos os parâmetros de qualidade do sumo devido aos diferentes tratamentos, *ou seja,* taxa de sementeira, tamanho do pegamento e tratamento de pegamento, foi considerada não significativa.

A absorção de N, P e K em mudas de ploybag aumentou com o aumento da divisão de N sob irrigação por gotejamento em comparação com o plantio convencional (Zende, 1990).

2.2.5 Economia

Pawar *et al.* (1980) observaram que a plantação de gemas individuais *in situ* a 30 cm de distância dentro de uma linha era benéfica, pois reduzia o custo do material de semente em cerca de 50 por cento do que o método de plantação convencional.

Uma experiência de campo foi realizada por Imam *et al.* (1982) na fazenda SRTI durante 1980-81. Eles observaram que o transplante de brotos germinados de olho único requer apenas 24% de cana de semente do que o plantio normal, economizando assim uma grande quantidade de custo de semente.

O espaçamento intra-linha da cana-de-açúcar transplantada com mericlone a 15, 30, 45 e 60 cm foi comparado e observou-se que a produção de cana no espaçamento intra-linha de 45 cm foi a mais económica para a plantação de mericlone em solo leve (Anónimo, 1993).

Uma experiência foi realizada por Rahman *et al.* (1993) em locais FSR de SRTI para estudar o desempenho comparativo da cana-de-açúcar transplantada em comparação com a convencional em condições de produtores com materiais de plantio convencionais (três conjuntos de gemas colocados de ponta a ponta na trincheira), transplante espaçado de mudas de leito de solo e transplante espaçado de mudas de polybag. Estimaram que o rendimento bruto e o rendimento líquido mais elevados também foram obtidos no STP-PBS e obtiveram um rendimento 69,2% superior ao do método de plantação convencional.

Ahmed *et al.* 1995 constatou que o custo total de produção, os retornos brutos e o retorno líquido foram menores para o método convencional em comparação com o método de transplante espaçado de cana de açúcar.

Sreenivasan (1995) relatou que o custo dos mericlones se torna uma preocupação para o plantio comercial e sugeriu o uso da micropropagação inicialmente para produzir sementes de reprodutores e a multiplicação subsequente feita por técnicas convencionais ou de transplante espaçado.

Gupta (1999) referiu que a técnica dos sacos de polietileno era economicamente vantajosa devido à redução do custo das sementes e ao aumento da produtividade, poupando pelo menos a irrigação no campo devido à geminação separada das plantas em sacos de polietileno, em comparação com a plantação em parcelas.

Viswanathan e Samiyappan (1999) compararam as plântulas de cultura de tecidos e as plântulas em sacos de polietileno em Coimbatore e recomendaram a plantação de plântulas em sacos de polietileno, uma vez que as plântulas de cultura de tecidos se revelaram mais dispendiosas.

Narendranath (2000) relatou que o transplante de plantas de cana-de-açúcar cultivadas em viveiro era cerca de três vezes mais económico. Além disso, todas as canas descascadas podem ser usadas para processamento, reduzindo substancialmente a quantidade e o custo do material de plantio usado. Assim, um hectare de viveiro de cana-de-açúcar em brotos era suficiente para plantar cerca de 100 acres de terras agrícolas. Como resultado, durante cerca de sete semanas, houve uma poupança nos custos de gestão em 99 hectares. Estes e vários outros aspectos evidenciaram o facto de que o transplante de plantas de cana-de-açúcar em viveiro era bastante rentável.

Uma experiência foi conduzida na RSJRS, Kolhapur, durante 2000-2001 em solo preto médio para comparar o efeito de plântulas de cultura de tecidos (TCP) e assentamento de gemas de olho único no crescimento, rendimento e qualidade da cana-de-açúcar *suru* sob irrigação de superfície. Foi revelado que o material TCP exigia um custo de cultivo 75% mais elevado do que o assentamento, resultando numa perda total de rendimentos líquidos de Rs. 30 687/ha com um rácio custo-benefício de 0,77 contra 1,57 na plantação de assentamento (Anónimo, 2001).

Jain *et al.* (2010) referiram que as aparas de rebentos podem ser um dos materiais de plantação mais viáveis e económicos para reduzir o custo de produção da cana-de-açúcar.

De acordo com Rao (2011), embora métodos como o uso de um único broto na forma de pedaços de brotos ou conjuntos de brotos através de STP, seja em camas elevadas ou em sacos de polietileno, sejam conhecidos para o cultivo de cana-de-açúcar por um tempo, sua implementação prática em vastas áreas ou pelo menos em centenas de acres não foi vista. Por conseguinte, à semelhança das plântulas de tomateiro cultivadas em tabuleiros de plástico, foi desenvolvido um novo sistema de cultivo de cana-de-açúcar, a que se deu o nome de "cultivo SRI de cana-de-açúcar", que se tornou um grande êxito. É uma bênção para a indústria açucareira e para as pessoas que dependem direta ou indiretamente da indústria açucareira, devido às suas múltiplas vantagens, juntamente com a sua implementação 100% prática, ao contrário da STP (Spaced Transplantation Technique), do rebento único direto, do rebento único cultivado em viveiro ou do rebento único cultivado em sacos de polietileno e mesmo do método de lascas de rebentos. Os resultados da investigação sobre a "cultura de cana-de-açúcar SRI" revelaram que se trata de uma técnica muito vantajosa do ponto de vista económico, uma vez que permite poupar mais de 10 000 rupias/acre no custo da cultura. Há todas as possibilidades de se fazer uma cultura intercalar de cana-de-açúcar seguindo este método durante os primeiros três meses e assim obter um rendimento adicional de 15.000 a 20.000 rupias/acre. Ao mesmo tempo, o rendimento da cana pode ser aumentado para mais de 80 M T/acre.

2.3 Efeito das fontes de nutrientes no desempenho da cana-de-açúcar

2.3.1 Efeito nos atributos de crescimento

Mali e Singh (1985) relataram que o acúmulo de matéria seca na cana-de-açúcar é função da área foliar, índice de área foliar, duração da área foliar, taxa fotossintética da folha, fornecimento adequado de água e nutrientes e sua utilização eficiente.

Afghan (1996) relatou que com a aplicação de bio-composto e NPK sozinho foi obtido um peso seco de rebentos significativamente mais elevado (1540 g m^{-2}) e (1279 g m^{-2}), respetivamente, do que o do controlo (554 g m^{-2}).

More e Shinde (2000) realizaram uma experiência de campo para estudar o efeito do briquete de fertilizante NPK no crescimento e rendimento da cana-de-açúcar. Foram observadas melhorias significativas na taxa de perfilhamento, em todos os caracteres morfológicos, na produção de cana e na CCS nas parcelas tratadas com briquete. O uso de briquete para cana de açúcar na série de solo Wargaon economizou 25% da dose necessária de fertilizante NPK.

Kolage *et al.* (2001) revelaram que a aplicação de 125 % de FTR deu o máximo de área foliar, razão de perfilhamento, altura total da planta, matéria seca, altura da cana moída, comprimento e número de entrenós e canas moídas e percentagem de CCS.

Salunkhe *et al.* (2002) relataram que o número de perfilhos por planta aumentou com o aumento da dose de nitrogénio. Todos os níveis de nitrogênio produziram maior número de perfilhos em relação ao controle e perfilhos significativamente maiores foram registrados com 300 kg de nitrogênio ha^{-1} .

Shukla (2007) conduziu uma experiência de campo durante as épocas de cultivo de 2002-03 e 2003-04 em Lucknow, para avaliar 3 genótipos de cana-de-açúcar sob 3 níveis de N, P e K (150, 19,6, 37,4; 200, 26,2, 49,8; e 250, 32,8, 62,2 kg/ha) em duas épocas (primavera e verão) com sistema de planta-raiz. O nível de fertilidade de 200, 26,2 e 49,8 kg de N, P e K/ha foi ótimo para o crescimento e a produção de cana durante a plantação de primavera e de verão.

Kumar *et al.* (2010) descobriram que, para verificar o efeito de quatro níveis de fósforo (0, 17,5, 35,0 e 52,5 kg/ha) e enxofre (0, 40, 80 e 120 kg/ha) no padrão de acumulação de matéria seca, rendimento de açúcar e conteúdo de P e S na planta de cana-de-açúcar, bem como o estado de fertilidade pós-colheita do solo. As plantas acumularam em média 1,27, 34,5 e 97,8% de matéria seca aos 70, 150 e 230 dias após o plantio (DAP), a quantidade máxima de acumulação de matéria seca foi observada entre 150-230 DAP. A acumulação de matéria seca aumentou significativamente com o aumento do nível de fósforo.

Soomro *et al.* (2013) observaram que a aplicação individual ou em subdoses de fontes de nutrientes inorgânicas ou orgânicas registou um valor inferior em todas as características da cana-de-açúcar, mas a integração de ambas as fontes, exceto o biofertilizante, melhorou significativamente todas as características da cultura vegetal. O máximo de perfilhos da $planta^{-1}$, altura da planta, circunferência do caule, entrenós da $planta^{-1}$, comprimento do entrenó, canas moídas, área foliar da $planta^{-1}$, índice de área foliar, taxa de crescimento da cultura e matéria seca foram encontrados mais altos com a aplicação de FYM e ou lama de prensa aplicada a 20 t ha^{-1} com três quartos da taxa recomendada de fertilizantes NPK (169:84:126).

Kumar *et al.* (2013) descobriram que a aplicação de 125 por cento da dose recomendada de fertilizante (RDF) aumentou o comprimento da cana, a circunferência da cana, o peso da cana e o NMC em relação a 75 e 100 por cento RDF.

Soomro *et al.* (2014) realizaram uma experiência de campo na secção de cana-de-açúcar do Instituto de Investigação Agrícola de Tandojam, Paquistão, para determinar a dose óptima de NPK para obter o rendimento máximo de cana e açúcar. A experiência destinava-se a observar o efeito dos fertilizantes inorgânicos NPK em diferentes proporções no crescimento, rendimento e qualidade do sumo da cana-de-açúcar; incluía diferentes doses de fertilizante inorgânico NPK *viz.* Controlo (sem fertilizante), 100% recomendado (225:112:168 NPK kg ha^{-1}), 75% menos do que o recomendado),

50% menos do que o recomendado, 25% menos do que o recomendado e 25% mais do que o recomendado. Foi registado que a planta de perfilhos^{-1} , a altura da planta, a circunferência do caule, a planta de entrenós^{-1} , a folha

A área de planta^{-1} , índice de área de folha, taxa de crescimento de cultura e matéria seca em planta e culturas de cana de açúcar de soca foram maiores com a aplicação de 100 % de fertilizante recomendado @ 225:112:168 NPK kg ha^{-1} e 25 % mais que o fertilizante recomendado em 281.25:140:210 NPK kg ha^{-1} . No entanto, todas as aplicações inadequadas além das aplicações recomendadas registaram significativamente valores menores de todos os traços da planta de cana de açúcar e da cultura de soqueira.

2.3.2 . Efeito nos atributos de rendimento e no rendimento

Ingawale *et al.* (1992) concluíram que o maior rendimento de matéria seca da cana-de-açúcar (38,1 t ha^{-1}) foi registado com a aplicação de 250 kg N+ 110 kg P2O5 +110 kg K2O ha^{-1} em comparação com o menor rendimento de matéria seca (25,0 t) apenas com 250 kg N.

More e Shinde (2000) realizaram uma experiência de campo para estudar o efeito do briquete de fertilizante NPK no crescimento e rendimento da cana-de-açúcar. Foi observado um aumento significativo na produção de cana e CCS nas parcelas tratadas com briquete. A aplicação de NPK a uma taxa de 75 por cento da dose recomendada através da forma de briquete foi tão boa quanto 100 por cento da dose recomendada através de não briquete em relação ao rendimento de cana e CCS. O uso de briquete para cana de açúcar na série de solo Wargaon economizou 25% da dose de fertilizante necessária de NPK.

Singh *et al.* (2001) conduziram um experimento de campo em Lakhaoti durante 1993'94 e 1994'95 para avaliar o impacto dos níveis de nitrogênio (0, 60,120, e 180 kg/ha) na qualidade do suco e rendimento de açúcar de alguns genótipos promissores de cana de açúcar plantados na estação da primavera. O nitrogênio teve um efeito adverso nos atributos de qualidade do suco. O maior rendimento comercial de açúcar de cana foi obtido com 120 kg N/ha e diminuiu em 8,2% com uma dose ainda maior de 180 kg/ha.

Kumar *et al.* (2006) efectuaram uma experiência de campo durante 2000-02 na Universidade de Agricultura e Tecnologia Govind Ballabh Pant, Pantnagar, para estudar o efeito da cultura intercalar de leguminosas para fins duais com cana-de-açúcar de primavera sob diferentes níveis de NPK. Uma dose de 100% do NPK recomendado resultou em

5,0 % maior rendimento de cana-equivalente do que a dose de 75 % e foi igual a 125 % da dose de NPK.

Shukla (2007) conduziu uma experiência de campo durante as épocas de cultivo de 2002-03 e 2003-04 em Lucknow, para avaliar 3 genótipos de cana-de-açúcar sob 3 níveis de N, P e K (150, 19,6, 37,4; 200, 26,2, 49,8; e 250, 32,8, 62,2 kg/ha) em duas épocas (primavera e verão) com sistema de planta-ratão. O nível de fertilidade de 200, 26,2 e 49,8 kg de N, P e K/ha foi ótimo para o crescimento e a produção de cana durante a plantação de primavera e de verão.

Kumar *et al.* (2010) realizaram uma experiência de campo em solo franco-arenoso em cana-de-açúcar no Sugarcane Research Institute, Pusa, Bihar e descobriram que, para determinar o efeito de quatro níveis de fósforo (0, 17,5, 35,0 e 52,5 kg/ha) e enxofre (0, 40, 80 e 120 kg/ha), a produção de açúcar e os teores de P e S na planta de cana-de-açúcar, bem como o estado de fertilidade do solo após a colheita.

Islam *et al.* (2011) realizaram uma experiência no Bangladesh Rice Research Institute, Sagordi farm, Barisal para avaliar a eficácia do briquete NPK no arroz em condições de solo inundado pelas marés durante a estação Boro, 2010. Os briquetes NPK de tamanho 2,4 g e 3,4 g foram comparados com supergrânulos de ureia (USG) e ureia comprimida (PU), cada um suplementado com PKS. Os resultados mostraram que os briquetes NPK, USG e PU produziram um rendimento de grãos estatisticamente semelhante. As parcelas tratadas com N (briquetes, USG e PU) deram um rendimento de grãos significativamente mais elevado do que o controlo de N. O maior rendimento de grãos (7,47 t ha^{-1}) foi observado no briquete NPK (2,4 g x 2) seguido pelo PU. Não houve diferença significativa entre as parcelas de controlo de N e de controlo absoluto no que diz respeito ao rendimento, indicando que o N era o único fator limitante do rendimento nessas condições. Os briquetes de NPK mostraram maior eficiência agronómica do que os de PU e USG. Os briquetes de tamanho pequeno (2,4 g) poderiam economizar 33 kg N ha^{-1} em comparação com a recomendação PU. Não se registou qualquer efeito residual dos briquetes NPK nas propriedades químicas do solo. Os briquetes NPK foram considerados benéficos para os agricultores no ecossistema das marés.

More *et al.* (2012) realizaram um ensaio de campo na Estação Central de Pesquisa de Cana-de-Açúcar, Padegaon, para estudar o efeito do briquete NPK no rendimento e na qualidade da cana-de-açúcar. Os resultados revelaram que a aplicação de 100 por cento da dose recomendada de fertilizante NPK através de briquetes registou rendimentos significativamente mais elevados de cana (126,3 tha^{-1}) e CCS (18,2 tha^{-1}). O número significativamente mais alto de canas moídas por hectare (105,69 000 ha^{-1}) também foi registrado pela dose recomendada de 100% de fertilizante NPK através de briquete, onde foi igual à aplicação de 100% da dose recomendada de NPK através de fertilizante direto e 75% da dose recomendada de NPK através de briquete. Os resultados indicaram que a economia de 25 por cento da dose recomendada de fertilizante NPK para ambas as culturas de cana de planta e de soca de cana de açúcar. As diferenças no caso da percentagem de açúcar de cana comercial devido à influência de diferentes tratamentos foram consideradas não significativas.

Achieng *et al.* (2013) realizaram uma experiência de campo na Kenya Sugar Research Foundation, em Kisumu, no Quénia, para estudar os efeitos da taxa e da aplicação dividida de fertilizantes azotados no rendimento de duas variedades de cana-de-açúcar da cultura de soca e concluíram que, entre todas as taxas de azoto aplicadas (0, 60, 120 e 180 kg N ha^{-1}) e diferentes aplicações divididas (100 por cento, 50-50 por cento e 30-3040 por cento), o tratamento de 120 kg N ha^{-1} e a aplicação dividida de 50-50 por cento deram 126,4 t/ha. O tratamento de 120 kg N ha^{-1} e a aplicação única de 100 por cento deram 129,9 t/ha para a variedade D 8484. Nenhuma das taxas e aplicações divididas de fertilizante de nitrogênio afetou significativamente o rendimento de cana das duas variedades de cana de açúcar da cultura de soca.

Kumar *et al.* (2013) descobriram que a aplicação de 125% da dose recomendada de fertilizante (RDF) aumentou o rendimento da cana para a melodia de 15,52 e 3,60 % sobre 75 e 100% RDF devido à melhoria notável no comprimento da cana, perímetro da cana, peso da cana e NMC.

Soomro *et al.* (2013) realizaram uma experiência de campo em solo argiloso no Instituto de Investigação Agrícola, Tandojam, Paquistão, e revelaram que a gestão integrada de nutrientes registou uma poupança de 25% de fertilizantes inorgânicos com a aplicação de FYM e/ou lama de prensa aplicada a 20 t ha^{-1} . A integração de nutrientes orgânicos e inorgânicos deve ser praticada. Isto não só aumentará o crescimento, o rendimento, a qualidade e a absorção de nutrientes da cana-de-açúcar, mas também conservará o agro-ecossistema para uma produção agrícola sustentável.

Deshmukh *et al.* (2014) realizaram uma experiência de campo na Central Sugarcane Research Station, Padegaon, Dist. Satara (M.S.) para estudar o efeito do briquete na soqueira da cana-de-açúcar no que diz respeito ao rendimento da cana, à absorção de nutrientes e à saúde do solo durante 2009-10 a 2011-12, durante três anos. Os resultados indicaram que a aplicação de 100 % de NPK através de briquetes registou uma produção de cana e de CCS significativamente mais elevada e foi equivalente à aplicação de 75 % de RD NPK através de briquetes. Os mesmos tratamentos 100 % NPK através de briquetes e 75 % NPK através de briquetes registaram melhorias na saúde do solo após três anos. A aplicação de 75 % RD NPK através de briquetes registou uma maior produção de cana de açúcar em soca com melhoria na saúde do solo.

Prabhakar *et al.* (2014) realizaram uma experiência de campo durante 2009-10 e 2010-11, para estudar o efeito da geometria de plantação e dos níveis de azoto no crescimento, rendimento e qualidade da cana-de-açúcar. Dois espaçamentos (S1-plantação em linha emparelhada 75/105 cm e S2-plantação normal 90 cm) e quatro níveis de azoto aplicados através de fertirrigação (D1-100 % RDN,

D_{2}-75 % RDN, D_3 -50 % RDN e D4-Prática dos agricultores). Os resultados revelaram que o plantio em fileiras emparelhadas (75/105 cm) registrou uma circunferência de cana significativamente maior, peso de cana, população de cana moída e rendimento de cana em relação ao plantio normal (90 cm) em ambos os anos. A aplicação de 100% da dose recomendada de nitrogênio através de fertirrigação foi considerada superior aos outros tratamentos com respeito aos atributos de rendimento e rendimento de cana durante ambos os anos. A qualidade da cana de açúcar não foi influenciada pela geometria da cultura e níveis de fertirrigação de nitrogênio.

Soomro *et al.* (2014) realizaram uma experiência de campo na secção de cana-de-açúcar, Instituto de Investigação Agrícola, para determinar a dose óptima de NPK para o rendimento máximo de cana e açúcar, Tandojam, Paquistão. A experiência destinava-se a observar o efeito dos fertilizantes inorgânicos NPK em diferentes proporções no crescimento, rendimento e qualidade do sumo da cana-de-açúcar, com diferentes doses de fertilizantes inorgânicos NPK. Foi registado que canas moíveis, rendimento de cana e açúcar de cana comercial em planta e culturas de cana de açúcar de soca foram maiores com a aplicação de 100 % de fertilizante recomendado em 225:112:168 NPK kg ha^{-1} e 25 % mais do que o fertilizante recomendado em 281.25:140:210 NPK kg ha^{-1} . No entanto, todas as aplicações inadequadas para além das aplicações recomendadas registaram significativamente um valor inferior de todos os traços da planta de cana-de-açúcar e da cultura de soqueira.

2.3.3 . Efeito na qualidade, absorção e disponibilidade dos nutrientes

Singh *et al.* (2001) conduziram um experimento de campo em Lakhaoti durante 1993'94 e 1994'95 para avaliar o impacto dos níveis de nitrogênio (0, 60,120, e 180 kg/ha) na qualidade do suco e rendimento de açúcar de alguns genótipos promissores de cana de açúcar plantados na estação da primavera. O nitrogênio teve um efeito adverso nos atributos de qualidade do suco. O maior rendimento comercial de açúcar de cana foi obtido com 120 kg N/ha e diminuiu em 8,2% com uma dose ainda maior de 180 kg/ha.

More *et al.* (2012) realizaram um ensaio de campo na Central Sugarcane Research Station, Padegaon, para estudar o efeito do briquete NPK no rendimento e na qualidade da cana-de-açúcar. Os resultados revelaram que a aplicação de 100% da dose recomendada de fertilizante NPK através de briquetes registou uma absorção significativamente maior de NPK, indicando uma utilização máxima de N, P e K. Isto pode dever-se a uma melhor disponibilidade de nutrientes NPK no solo durante um período mais longo. Kadam *et al.* (1991) obtiveram maior absorção de NPK pela cana-de-açúcar com o uso de briquete de NPK e supergrânulos de ureia, respetivamente, colocados a 10 cm de profundidade no solo. Da mesma forma, a aplicação de 100% da dose recomendada de fertilizante NPK através de briquetes manteve uma maior quantidade de azoto disponível no solo.

Kumar *et al.* (2013) descobriram que a aplicação de 125 por cento da dose recomendada de fertilizante (RDF) aumentou o rendimento da cana em 15,52 e 3,60 por cento sobre 75 e 100 por cento RDF devido à melhoria notável na sacarose, açúcar disponível e açúcar de cana comercial (CCS) o rendimento também foi melhorado em 17,3, 23,4 e 42,6 por cento sobre 75 por cento RDF, enquanto 2,73, 3,15 e 6,84 por cento sobre 100 por cento RDF, respetivamente, sob a aplicação de 25 por cento maior RDF. A absorção de NPK na cana, nos topos verdes, no lixo, bem como no produto total, juntamente com o rendimento líquido e o rácio B:C, também foram observados mais elevados sob enriquecimento de fertilidade com 125% em comparação com os mais baixos.

Soomro *et al.* (2013) realizaram uma experiência de campo em solo argiloso no Instituto de Investigação Agrícola, Tandojam, Paquistão, e revelaram que a absorção e a acumulação de NPK na cana-de-açúcar foram superiores com a aplicação de três quartos da taxa recomendada de fertilizante NPK (169-84-1261) + 20 toneladas de lama de prensa ha^{-1} . Conclui-se que a gestão integrada de nutrientes registou uma poupança de 25 por cento de fertilizantes inorgânicos com a aplicação de FYM e/ou lama de prensa aplicada a 20 t ha^{-1} . A integração de nutrientes orgânicos e inorgânicos deve ser praticada. Isto não só aumentará o crescimento, o rendimento, a qualidade e a absorção de nutrientes da cana de açúcar, mas também conservará o agro-ecossistema para uma produção agrícola sustentável.

Soomro *et al.* (2014) realizaram uma experiência de campo na secção de cana-de-açúcar do Instituto de Investigação Agrícola para determinar a dose óptima de NPK para o rendimento máximo de cana e açúcar, em Tandojam, Paquistão. A experiência destinava-se a observar o efeito dos fertilizantes inorgânicos NPK em diferentes proporções no crescimento, rendimento e qualidade do sumo da cana-de-açúcar, com diferentes doses de fertilizantes inorgânicos NPK. Foi registado que brix, pol, pureza e acumulação e absorção de NPK em planta e culturas de cana de açúcar de soca foram maiores com a aplicação de 100 % de fertilizante recomendado em 225:112:168 NPK kg ha-1 e 25 % mais do que o fertilizante recomendado em 281,25:140:210 NPK kg ha^{-1} . No entanto, todas as aplicações inadequadas além das aplicações recomendadas registaram significativamente menos valores de todos os traços de planta de cana de açúcar e cultura de soca.

Keshavaiah *et al.* (2015) realizaram uma experiência de campo na estação de investigação agrícola Zonal, Mandya, Karnataka, para conhecer o efeito das práticas de gestão de nutrientes com duas variedades de cana-de-açúcar no rendimento da cana-de-açúcar e da marmelada e na qualidade da marmelada. Entre as práticas de gestão de nutrientes, o pacote de práticas recomendado registou um rendimento mais elevado de cana e de açúcar mascavado

(15,8 tha^{-1}) seguido de 50% de N através de lama de prensa e 50% de N através de fertilizante e biofertilizante (N6) (15,27 t ha^{-1}). As práticas orgânicas de gestão de nutrientes registaram rendimentos mais baixos, mas produziram jaggery de qualidade superior em comparação com as práticas integradas de gestão de nutrientes ou os fertilizantes químicos isolados

2.3.4 Economia

More e Shinde (2000) realizaram uma experiência de campo para estudar o efeito do fertilizante NPK através de briquetes no crescimento e rendimento da cana-de-açúcar. Foram registados rendimentos monitórios e líquidos mais elevados em 100% do FTR aplicado através de briquetes, o que foi significativamente melhor do que 75% e 50% do FTR aplicado como briquete, bem como os níveis de forma não briquete. No entanto, o rácio B: C foi significativamente mais elevado em 50 % de FTR aplicado através de briquetes em comparação com 100 % de FTR aplicado como briquetes, bem como os níveis de formas não briquetes, e foi igual a 75 % de FTR como briquetes. Os 75% de CDR como briquete mostraram maior relação B: C, retornos mensais, bem como retornos líquidos do que 100% de CDR aplicado como forma não briquete com economia de 25% de fertilizantes NPK.

More *et al.* (2012) realizaram um ensaio de campo na Estação Central de Pesquisa de Cana-de-Açúcar, Padegaon, para estudar o efeito do briquete NPK no rendimento e na qualidade da cana-de-açúcar. Os resultados revelaram que a aplicação de 100 por cento da dose recomendada de fertilizante NPK através de briquete deu maiores retornos monetários, lucro líquido e relação B: C. Além disso, foi observado que o rácio B: C dos tratamentos de 100 % da dose de NPK aplicada através do método convencional, método crow bar ou 75 % de NPK através de briquete foram mais ou menos similares indicando a economia de 25 % da dose de NPK.

Kumar *et al.* (2013) verificaram que a aplicação de 125 por cento da dose recomendada de fertilizante (FTR) aumentou o rendimento da cana em 15,52 e 3,60 por cento em relação a 75 e 100 por cento de FTR, devido a uma melhoria notável na sacarose, o açúcar disponível e o rendimento comercial de açúcar de cana (CCS) também foram melhorados em 17,3, 23,4 e 42,6 por cento em relação a 75 por cento de FTR, enquanto

2.73 3,15 e 6,84 por cento acima de 100 por cento de FTR, respetivamente, sob a aplicação de 25 por cento de FTR mais elevado. A absorção de NPK na cana, nos topos verdes, no lixo, bem como no produto total, juntamente com o retorno líquido e o rácio B: C, também foram observados mais elevados sob enriquecimento de fertilidade com 125 por cento em comparação com os mais baixos.

Deshmukh *et al.* (2014) realizaram uma experiência de campo na Central Sugarcane Research Station, Padegaon, Dist. Satara (M.S.) para estudar o efeito do briquete na soqueira de cana-de-açúcar no que respeita ao rendimento da cana, à absorção de nutrientes e à saúde do solo durante 2009-10 a

2011-12, durante três anos. Os tratamentos 100 % NPK através de briquete e 75 % NPK através de briquete registaram melhorias na saúde do solo após a conclusão dos três anos. A maior eficiência de utilização de fertilizantes N, P e K foi registada no tratamento 100 % RD NPK através de briquetes. O aumento da % da eficiência da utilização de fertilizantes dos briquetes em relação aos não briquetes foi mais elevado em 75 % RD NPK através de briquetes. A aplicação de 75 % RD NPK através de briquetes registou um rácio B:C mais elevado com melhoria da saúde do solo.

2.74 Efeito da interação entre configurações do terreno, técnicas de estabelecimento e fontes de nutrientes no desempenho da cana-de-açúcar

2.74.1 Efeito no crescimento, atributos de rendimento e rendimento

Patel *et al.* (1989) realizaram uma experiência de campo com oito combinações de tratamentos, consistindo em várias práticas culturais e de gestão da água da chuva como tratamentos de parcelas principais e três níveis de azoto (0, 40 e 80 kg ha^{-1}) como tratamentos de subparcelas, empregando um desenho de parcelas divididas durante as épocas de *colheita* de 1978-79 a 1980-81 nos solos de algodão preto da Estação Regional de Investigação, Maktampur, Bharuch (Gujarat), utilizando o algodão var. G. Cot.11 (*G. herbaceum* L.) em condições de sequeiro. Os resultados revelaram que as diferenças no rendimento do algodão em caroço devido a diferentes práticas culturais não foram significativas. No entanto, o tratamento de plantio em fileiras emparelhadas e amontoa com cada intercultura ou plantio em fileiras emparelhadas junto com amarração dos sulcos com alta dose de fertilizante deu maior rendimento de algodão em caroço.

Nguyen *et al.* (1996) realizaram uma experiência com cana de açúcar no Centro de Investigação de Cabras e Coelhos, Hatay, Vietname, de janeiro de 1993 a dezembro de 1995 para estudar o efeito da largura da linha (75, 100 ou 150 cm), material vegetal (estacas de caule ou topos), e remover ou deixar as folhas mortas, no rendimento de biomassa e qualidade do sumo (brix). O rendimento dos caules de cana foi mais elevado quando foram utilizadas estacas de caule, em vez de topos, como material de plantação. O efeito foi mais pronunciado no primeiro ano de colheita e diminuiu com as colheitas seguintes. O custo das sementes foi também reduzido em 9-10% em comparação com a forma tradicional utilizada pelos agricultores do Vietname do Norte. O aumento da densidade populacional através da redução do espaçamento entre fileiras para 75 cm levou a maiores rendimentos de biomassa, sem redução do Brix ou da taxa de extração do sumo. A fertilidade do solo aumentou constantemente com o aumento das soqueiras, indicando que o cultivo da cana-de-açúcar não explora os nutrientes do solo, mas, pelo contrário, tem efeitos benéficos no crescimento das culturas subsequentes.

Sahu *et al.* (2008) descobriram que os atributos de rendimento *viz.*, número de perfilhos por touceira, número de canas moídas por touceira, altura da planta e peso da cana única foram significativamente e positivamente correlacionados com o rendimento da cana em ambos os estágios, enquanto o diâmetro da cana e o número de folhas por planta foram significativamente correlacionados com o rendimento da cana no estágio de plântula no Sugarcane Research Institute, Pusa.

Singh *et al.* (2009) realizaram uma experiência de campo para estudar os efeitos do método de plantação, do número de estacas por hectare, do tamanho das estacas e do azoto no rendimento, na qualidade e na economia da cana-de-açúcar plantada na primavera durante 2004-05 e 2005-06. Os tratamentos consistiram em três métodos de plantio: plano (sulcos espaçados a 75 cm), trincheira de fileira emparelhada (30 cm de largura, 30 cm de profundidade, centro a centro de duas trincheiras de 120 cm) e poço (30 cm de diâmetro, 30 cm de profundidade e centro a centro de dois poços de 120 cm), três taxas de semente, três tamanhos de pegamento (um, dois e três pegamentos brotados) e dois níveis de nitrogênio (150 e 300 kg ha^{-1}). Os resultados revelam que na cultura de plantas, a plantação em cova usando 20 t ha^{-1} semente e 300 kg N ha^{-1} deu o maior rendimento de cana (91,5 t ha^{-1}) e foi a par com os métodos plano (83,9 t ha^{-1}) e trincheira (83,2 t ha^{-1}) usando 81 ha^{-1} semente 50 mil três gemas e uso de 150 kg N ha^{-1} . Considerando que na cultura de soca seguinte, o método convencional plano usando 8 t ha^{-1} três gemas e 150 kg N ha^{-1} registou o maior rendimento de cana e foi igual ao método de cova e trincheira no qual o mesmo nível de semente e nitrogénio foram usados na cultura de plantas. O uso de pegamentos de gema única para plantio reduziu significativamente o rendimento da planta e da safra, independentemente do método de plantio, taxa de semente e níveis de nitrogênio.

Zafar *et al.* (2010) estudaram o efeito das técnicas de plantação e dos períodos de competição entre culturas de ervas daninhas no potencial de rendimento da variedade de cana-de-açúcar HSF'240 plantada na primavera no Instituto de Investigação Agrícola Ayub, Faisalabad, Paquistão. No experimento, duas técnicas de plantio, a *saber*, linhas de 60 cm de distância na técnica de semeadura plana e linhas de 120 cm de distância na técnica de semeadura em trincheira, foram randomizadas em parcelas principais. Os tratamentos das subparcelas incluíram sete períodos de competição entre plantas daninhas e culturas. A cana-de-açúcar plantada pelo método de trincheira apresentou maior índice de área foliar (LAI), taxa média de crescimento da cultura (ACGR) e atributos que contribuem para a produção. A semeadura em trincheira rendeu 72,22 e 75,08 t ha^{-1} rendimentos de cana descascada, mostrando superioridade significativa sobre a semeadura plana, que rendeu 64,13 e 66,041 ha^{-1} rendimentos de cana descascada em 2005-06 e 2006-07, respetivamente.

Ahmed e Ahmed (2012) observaram que o número de perfilhos aos 60 dias de idade da planta mostrou uma associação positiva com o número de cana moída na colheita e a produção de cana.

Almubarak *et al.* (2012) o número de canas aumentou 20,5 por cento, as folhas verdes 56 por cento e a área foliar 45 por cento, o que se reflectiu no maior aumento da produção de cana (44,9 por cento)

Um experimento de campo foi conduzido para avaliar diferentes materiais de plantio, *ou seja*, pegamentos de gemas simples, sacos de polietileno e pegamentos de cavacos de gemas de genótipos promissores de cana-de-açúcar, *ou seja*, *CoVSI 03102* e *Co VSI 0309* para estudar germinação, sobrevivência, crescimento, rendimento e qualidade. Verificou-se que a técnica de fixação de rebentos em estilha era superior no que diz respeito à percentagem de sobrevivência (97,19 por cento), seguida da fixação em sacos de polietileno (92,63 por cento), em comparação com a plantação de rebentos de olho único de cana-de-açúcar com 88,6 por cento de sobrevivência (Anónimo, 2012).

Soomro *et al.* (2013) observaram que a aplicação individual ou em dose baixa de fontes de nutrientes orgânicos ou inorgânicos registou um valor inferior em todas as características da cana-de-açúcar, mas a integração de ambas as fontes, exceto o biofertilizante, melhorou significativamente todas as características da cultura. O máximo de perfilhos da planta^{-1}, altura da planta, circunferência do caule, entrenós da planta^{-1}, comprimento do entrenó, canas moídas, produção de cana, área foliar da planta^{-1}, índice de área foliar, taxa de crescimento da cultura e matéria seca foram encontrados mais altos com a aplicação de FYM e ou lama de prensa aplicada a 20 t ha^{-1} com três quartos da taxa recomendada de fertilizantes NPK (169:84:126).

Patel *et al.* (2014) realizaram uma experiência de campo na Estação Principal de Investigação de Cana-de-Açúcar, Navsari (Gujarat), para estudar a influência da distância de plantação. Os tratamentos consistiram em quatro distâncias de plantação: 90 cm de plantação em linha normal, 120 cm de plantação em linha normal, 150 cm de plantação em linha normal e 30: 150 cm de plantação em linha dupla. Os resultados indicaram que a plantação de cana-de-açúcar a 120 cm de distância foi significativamente superior no aumento do número de perfilhos, altura total da planta e acumulação de matéria seca em quase todas as fases de crescimento durante o período de estudo. O número de perfilhos por hectare foi registrado significativamente mais alto com a distância de plantio de 120 cm aos 90 e 180 dias após o plantio em comparação com a distância de plantio de 90 cm, porém permaneceu igual ao plantio em fileira dupla de 30:150 cm. Isso pode ser devido ao maior número de colmos de cana-de-açúcar por metro de comprimento de linha.

2.74.2Efeito na qualidade, absorção de nutrientes e economia

Raskar e Bhoi (2004) investigaram o efeito do espaçamento entre fileiras e indicaram que a absorção de N, P e K por tonelada de cana aumentou com o aumento do espaçamento entre fileiras de 30 a 90 cm. A aplicação de fertilizante a 125 % RDF removeu o máximo de N, P e K por tonelada de cana do que os níveis mais baixos de fertilizante e foi 1,74, 0,77 e 2,19 kg/t em cana planta e 1,72, 0,72 e 2,14 kg/t de cana soca, seguido por 100 % RDF. O assentamento em sacos de polietileno registou uma maior absorção de nutrientes do que a plantação de plântulas de cultura de tecidos.

A perda de N diminuiu com o aumento do espaçamento entre fileiras, mas aumentou com o aumento dos níveis de fertilizante de 125 % FTR. O ganho líquido de P e K disponíveis no solo foi observado com os níveis de fertilizante. A perda de N foi máxima com a plantação de plântulas de cultura de tecidos. O ganho de P e K após a colheita da soca foi observado em ambos os materiais de plantio, mas o ganho foi máximo com o plantio de sacos de polietileno.

Bhatnagar e Saini (2005) registaram a maior absorção de N kg ha^{-1} , P kg ha^{-1} e N kg ha^{-1} no espaçamento entre linhas de 60 cm foi de 16,8:2,1:24,4 (kg ha^{-1}) seguido de 75 cm (14,8:1,9:21,9 kg ha^{-1}) de topo verde na colheita.

Singh *et al.* (2009) realizaram uma experiência de campo para estudar os efeitos do método de plantação, do número de estacas por hectare, do tamanho da estaca e do azoto no rendimento, na qualidade e na economia da cana-de-açúcar plantada na primavera durante 2004-05 e 2005-06. Os tratamentos consistiram em três métodos de plantio: plano (sulcos espaçados a 75 cm), trincheira de fileira emparelhada (30 cm de largura, 30 cm de profundidade, centro a centro de duas trincheiras de 120 cm) e poço (30 cm de diâmetro, 30 cm de profundidade e centro a centro de dois poços de 120 cm), três taxas de semente, três tamanhos de pegamento (um, dois e três pegamentos brotados) e dois níveis de nitrogênio (150 e 300 kg ha^{-1}). Os resultados revelam que a percentagem de açúcar de cana comercial das culturas de planta e de soca também não variou estatisticamente entre as diferentes combinações de tratamento. No ciclo de cultivo da soca, o método plano usando 81 ha^{-1} três gemas e 150 kg N ha^{-1} registou os maiores retornos líquidos (Rs 93.500 ha^{-1}) seguido de perto pelo método de trincheira ao mesmo nível de insumos (Rs 90.200 ha^{-1}). Conclui-se que o plantio em trincheiras de fileiras emparelhadas usando 8 t ha^{-1} três gemas e 150 kg N ha^{-1} poderia ser adotado como uma alternativa ao método de plantio plano na cana-de-açúcar de primavera no sudoeste do Punjab.

Chavan *et al.* (2011) relataram que a maior absorção de NPK foi registada a 60 cm de espaçamento entre linhas, enquanto o N disponível, P2O5 e K2O no solo aumentaram com o aumento do espaçamento entre linhas. A absorção de NPK aumentou com o aumento dos níveis de fertilidade e a maior absorção de NPK foi registada com a aplicação de 50 % mais FTR, enquanto o teor mais elevado de N disponível e K2O no solo foi obtido a 50 % mais do que FTR, mas o teor de P no solo não foi significativo.

Keshavaiah *et al.* (2012) efectuaram uma experiência de campo em 2007-08 com uma cultura de cana-de-açúcar para estudar a sua resposta a diferentes práticas de gestão de nutrientes. Entre as práticas de gestão de nutrientes, cinco eram de natureza orgânica, duas eram integradas e as restantes eram apenas através de fertilizantes químicos. A partir dos resultados, pode-se deduzir que nem as fontes orgânicas nem as inorgânicas sozinhas podem satisfazer as necessidades de nutrientes da cultura da cana-de-açúcar. A mistura de 50% de N através de lama de prensa e 50% de NPK através de fertilizantes não só podia satisfazer as necessidades de nutrientes da cultura como também era proporcional à absorção dos principais nutrientes NPK. A absorção foi maior com a variedade Co 62175 de cana-de-açúcar e, entre as práticas de gestão de nutrientes, 50% de N através de lama de prensa e 50% de NPK através de fertilizantes resultaram em maior absorção e rendimento da cana-de-açúcar.

Soomro *et al.* (2013) A absorção e acumulação de NPK na cana-de-açúcar foram maiores com a aplicação de três quartos da taxa recomendada de fertilizante NPK (169-84-1261) + 20 toneladas de lama de prensa ha^{-1} . Conclui-se que a gestão integrada de nutrientes registou uma poupança de 25% de fertilizantes inorgânicos com a aplicação de FYM e ou lama de prensa aplicada a 20 t ha^{-1} . A integração de nutrientes orgânicos e inorgânicos deve ser praticada. Isto não só aumentará o crescimento, o rendimento, a qualidade e a absorção de nutrientes da cana de açúcar, mas também conservará o agro-ecossistema para uma produção agrícola sustentável.

CAPÍTULO III

MATERIAIS E MÉTODOS

A presente investigação, intitulada "Efeito das configurações do terreno, técnicas de estabelecimento e fontes de nutrientes na cana-de-açúcar *suru* em condições de *konkan*", foi realizada na quinta de agronomia, Faculdade de Agricultura, Dapoli, durante os anos de 2014-15 e 2015-16. Os materiais utilizados e a metodologia adoptada durante a investigação são descritos neste capítulo.

3.1 Sítio experimental

A experiência de campo foi conduzida durante os anos de 2014-15 e 201516 com cana-de-açúcar *suru* na Agronomy Farm, College of Agriculture, Dapoli, nas parcelas 57 e 56 do bloco "C", respetivamente. O local foi selecionado com base na adequação do solo para o cultivo da cana-de-açúcar. A parcela utilizada para a experiência foi uniforme em topografia com disponibilidade de instalação de irrigação por gotejamento.

3.2 Clima e condições meteorológicas

Geograficamente, Dapoli (Dist. Ratnagiri) está situada a 17° 1' de latitude norte e 73° 1' de longitude leste. Situa-se na região tropical, com uma altitude de 250 metros acima do nível médio do mar. O clima da localidade é quente e húmido, com três estações distintas: verão (fevereiro a maio), *Kharif* (junho a setembro) e *Rabi* (outubro a janeiro).

3.2.1 Observações meteorológicas

As observações meteorológicas apresentadas no Quadro 1 revelaram que as temperaturas máximas médias variaram entre 26,5^0 C e 35,5^0 C e 26,1^0 C e 34,7^0 C e as temperaturas mínimas médias entre 12,6^0 C e 26,3^0 C e 9,6^0 C e 25,5^0 C durante a época agrícola de 2014 e 2015, respetivamente. O clima é o fator mais importante que afecta o desempenho da cultura.

Tabela l. Dados meteorológicos durante o período de crescimento da cultura (2014-2015)

MW	Data	Temperatura (°C)		RH (%)		BSS	Precipitação	Evaporação
		Máximo.	Min.	RHI	RHII	(hrs./dia)	(mm)	
1	01.01 -07.01	30.3	14.6	92	68	7.6	0.0	4.3
2	08.01 - 14.01	29.3	13.1	94	57	8.1	0.0	5.3
3	15.01 -21.01	28.9	13.6	90	63	7.7	0.0	4.8
4	22.01 -28.01	31.0	16.8	91	63	6.5	0.0	4.1
5	29.01 -04.02	32.3	14.6	90	64	7.8	0.0	4.3
6	05.02- 11.02	31.4	12.6	88	64	9.0	0.0	5.0
7	12.02-18.02	28.1	13.1	88	57	8.7	0.0	5.3
8	19.02-25.02	30.8	16.2	89	61	8.5	0.0	5.8
9	26.02 - 04.03	30.0	15.3	92	67	8.6	0.0	5.6
10	05.03 - 11.03	29.5	15.1	90	60	9.0	0.0	6.1
11	12.03 - 18.03	34.6	18.8	91	58	8.5	0.0	6.5
12	19.03 -25.03	33.7	17.4	85	61	8.1	0.0	6.6
13	26.03 -01.04	35.5	18.5	87	56	8.3	0.0	7.1
14	02.04 - 08.04	34.3	19.6	88	61	7.5	0.0	6.7
15	09.04 - 15.04	32.4	17.0	91	66	8.6	0.0	6.7
16	16.04 -22.04	32.1	21.7	90	66	9.4	0.0	6.4
17	23.04 - 29.04	35.1	22.7	87	63	9.0	0.0	7.1
18	30.04 - 06.05	33.8	22.5	83	61	9.0	3.0	6.6
19	07.05 - 13.05	33.5	22.4	86	58	8.3	0.0	6.9
20	14.05 -20.05	33.3	24.5	77	61	7.8	0.0	7.3
21	21.05 -27.05	33.0	23.7	85	64	7.7	0.0	6.1
22	28.05 - 03.06	33.7	24.5	80	62	7.7	1.0	6.4
23	04.06 - 10.06	34.3	26.3	85	58	5.4	0.0	6.4
24	11.06-17.06	32.6	24.4	91	68	5.3	257.4	4.0
25	18.06-24.06	30.3	25.2	88	81	4.0	86.0	3.9
26	25.06-01.07	30.8	25.4	86	73	7.5	2.5	5.0
27	02.07 - 08.07	30.8	23.5	95	79	4.1	121.2	3.2
28	09.07 - 15.07	27.8	22.1	98	99	0.6	579.9	2.5

29	16.07 - 22.07	28.2	24.7	95	91	0.4	395.7	1.6
30	23.07 - 29.07	27.7	24.0	92	90	2.8	301.2	3.6
31	30.07 - 05.08	27.4	24.2	96	89	1.3	402.8	2.1
32	06.08 - 12.08	28.1	23.7	95	86	3.4	132.2	3.5
33	13.08 - 19.08	28.7	24.1	92	83	5.3	39.3	4.4
34	20.08 - 26.08	29.9	24.4	93	78	3.7	20.2	3.0
35	27.08 - 02.09	26.5	23.3	99	92	0.7	545.9	2.6
36	03.09 - 09.09	28.3	23.8	97	93	3.6	351.3	3.1
37	10.09 - 16.09	28.9	23.1	94	83	3.4	95.8	2.8
38	17.09 - 23.09	29.9	22.7	89	71	4.2	7.0	2.3
39	24.09 - 30.09	31.6	24.1	91	66	6.0	0.8	4.1
40	01.10 - 07.10	32.4	22.4	92	71	6.3	12.0	4.3
41	08.10 - 14.10	32.1	22.9	91	67	7.0	0.0	4.0
42	15.10 - 21.10	33.9	22.5	91	62	8.2	1.8	4.8
43	22.10 - 28.10	31.2	21.0	94	67	4.3	8.6	4.6
44	29.10 - 04.11	33.3	17.5	89	60	8.3	0.0	4.7
45	05.11 - 11.11	33.9	17.2	89	58	8.0	0.0	3.9
46	12.11 - 18.11	32.3	21.5	91	65	5.6	4.4	3.2
47	19.11 - 25.11	33.3	18.8	88	51	7.5	0.0	4.2
48	26.11 - 02.12	33.2	14.4	87	39	8.3	0.0	4.1
49	03.12 - 09.12	33.2	19.0	88	36	8.4	0.0	3.4
50	10.12 - 16.12	31.8	17.4	88	57	7.2	0.2	2.9
51	17.12 - 23.12	31.3	12.6	82	39	7.2	0.0	3.4
52	24.12 - 31.12	30.2	13.0	86	44	7.3	0.0	3.6
	Média	31.36	20.14	89.73	66.48	6.48	3366.2	4.62

Tabela 2: Dados meteorológicos durante o período de crescimento da cultura (2015-2016)

MW	Data	Temperatura (°C)		RH (%)		BSS	Precipitação	Evaporação
		Máximo.	Min.	RHI	RHII	(hrs./dia)	(mm)	
1	01.01 - 07.01	29.1	15.0	84	51	6.6	0.0	3.1
2	08.01 - 14.01	30.4	9.6	83	44	8.3	0.0	4.1
3	15.01 - 21.01	30.5	11.7	87	55	7.9	0.0	3.9
4	22.01 - 28.01	29.4	14.5	90	66	8.0	0.0	4.2
5	29.01 - 04.02	32.4	14.1	89	52	7.9	0.0	4.1
6	05.02 - 11.02	32.0	12.7	91	41	8.1	0.0	4.4
7	12.02 - 18.02	33.0	12.0	87	44	8.6	0.0	4.2
8	19.02 - 25.02	33.4	14.0	88	43	8.8	0.0	5.0

9	26.02 - 04.03	28.8	14.5	90	64	6.7	60.4	4.7
10	05.03 - 11.03	31.4	15.1	87	58	8.5	0.0	4.9
11	12.03 - 18.03	33.2	17.8	85	48	8.2	0.0	4.9
12	19.03 - 25.03	33.9	19.5	90	61	8.0	0.0	4.7
13	26.03 - 01.04	34.6	21.9	88	58	6.7	0.0	4.8
14	02.04 - 08.04	33.7	18.2	86	53	7.8	0.0	6.5
15	09.04 - 15.04	31.5	22.8	88	59	7.5	0.0	5.3
16	16.04 - 22.04	33.5	23.8	89	61	7.7	1.0	5.8
17	23.04 - 29.04	33.0	21.5	86	63	8.7	0.0	6.1
18	30.04 - 06.05	33.1	22.7	84	59	9.3	0.0	6.5
19	07.05 - 13.05	34.6	23.1	87	60	9.5	0.0	6.8
20	14.05 - 20.05	34.1	24.8	85	58	7.1	0.2	5.5
21	21.05 - 27.05	34.0	24.2	86	59	9.3	0.0	6.5
22	28.05 - 03.06	33.8	24.9	86	56	6.6	0.0	6.6
23	04.06 - 10.06	34.3	23.9	82	60	7.5	22.0	5.3
24	11.06 - 17.06	29.5	23.2	92	84	3.2	190.4	2.7
25	18.06 - 24.06	26.1	22.7	97	96	0.3	902.0	1.2
26	25.06 - 01.07	29.2	25.5	89	79	3.0	38.8	2.9
27	02.07 - 08.07	29.9	25.5	90	77	6.2	17.2	4.8
28	09.07 - 15.07	30.1	25.3	90	80	5.9	28.2	4.4
29	16.07 - 22.07	29.0	24.7	86	74	3.3	94.0	4.4
30	23.07 - 29.07	29.0	23.8	91	86	1.7	153.8	3.8
31	30.07 - 05.08	28.7	24.0	89	85	3.6	129.9	3.9
32	06.08 - 12.08	28.2	23.7	96	85	2.0	126.8	3.3
33	13.08 - 19.08	28.6	23.7	93	81	4.5	70.8	2.6
34	20.08 - 26.08	29.3	23.7	94	84	6.4	88.0	4.8
35	27.08 - 02.09	29.1	22.9	96	79	5.3	89.2	3.9
36	03.09 - 09.09	29.8	22.4	93	76	7.6	0.0	4.2
37	10.09 - 16.09	29.6	23.3	93	76	2.9	71.2	3.7
38	17.09 - 23.09	28.9	23.7	93	89	2.9	139.2	3.1
39	24.09 - 30.09	30.9	21.8	90	73	7.6	0.0	4.0
40	01.10 - 07.10	32.0	23.2	96	82	5.5	95.2	4.2
41	08.10 - 14.10	32.0	22.9	91	68	6.6	0.0	3.6
42	15.10 - 21.10	34.7	22.6	93	63	6.9	12.4	3.9
43	22.10 - 28.10	34.4	22.7	94	64	7.1	0.0	3.6

44	29.10 - 04.11	34.3	21.6	92	62	7.7	0.0	4.0
45	05.11 - 11.11	33.8	20.3	91	52	6.9	0.0	4.2
46	12.11 - 18.11	34.2	17.3	93	42	8.2	0.0	3.9
47	19.11 - 25.11	32.9	20.6	90	52	6.0	0.0	3.5
48	26.11 - 02.12	33.4	19.2	93.7	47.1	6.9	0.0	3.2
49	03.12 - 09.12	34.0	16.9	94	41	7.6	0.0	3.8
50	10.12 - 16.12	32.7	17.1	95	50	8.1	0.0	3.4
51	17.12 - 23.12	31.8	15.6	94	49	7.9	0.0	3.5
52	24.12 - 31.12	32.1	11.4	84	29	8.4	0.0	3.8
1	01.01 -07.01	34.1	12.7	93	30	8.3	0.0	3.5
2	08.01 - 14.01	32.4	12.9	95	41	7.6	0.0	2.9
	Média	31.66	19.41	89.51	61.06	6.93	2330.70	4.37

A humidade relativa média durante as horas da manhã (RH-I) e durante as horas da tarde (RH-II) foi mais elevada em 2014 do que em 2015. A humidade relativa durante toda a época de cultivo variou entre 80 e 99% durante a manhã e 36 e 99% durante a tarde, respetivamente, em 2014.

Em 2015, os valores correspondentes de humidade relativa variaram entre 82 e 97 por cento e 29 e 96 por cento, respetivamente. A diferença da humidade relativa média da manhã foi inferior à diferença da humidade relativa média da tarde em ambos os anos de experimentação.

As horas de sol brilhante foram comparativamente mais baixas durante 2014, variando de 0,4 horas a 9,4 horas. Enquanto, durante o ano de 2015, variaram de 1,7 horas a 9,5 horas.

A precipitação total recebida durante o período de cultivo no ano de 2014 foi de 3366,20 mm, enquanto que no ano de 2015 foi de 2330,70 mm. A precipitação média durante o período experimental foi maior e igualmente distribuída em ambos os anos. Em suma, o clima durante ambos os anos foi favorável e adequado para o cultivo da cana-de-açúcar.

As amostras compostas de solo da camada de 0-30 cm foram colhidas com a ajuda de um parafuso sem-fim antes da disposição de uma experiência. O solo assim recolhido foi seco ao ar e conservado corretamente em caixas de alumínio. Em seguida, foram analisadas as várias propriedades físico-químicas.

A análise do solo (Quadro 3) indicou que a parcela experimental era de textura franco-argilosa, com teor médio de azoto disponível (310,21 e 314,46 kg ha^{-1}) e baixo de fósforo disponível (10,18 e 10,72 kg ha^{-1}), teor médio de potássio disponível (262,81 e 268.23 kg ha^{-1}), elevado teor de carbono orgânico (0,96 e 0,98 %) e reação ligeiramente ácida (pH 6,01 e 6,03). O quadro 3 mostra claramente que o solo da parcela experimental era de textura franco-argilosa, ligeiramente ácido e com elevado teor de carbono orgânico. Tinha um teor médio de azoto disponível, baixo teor de fósforo disponível e médio teor de potássio disponível.

Tabela 3: Composição mecânica, física e química do solo da parcela experimental (0-30 cm)

Dados	Valores obtidos		Método utilizado
	2014	2015	
A). Propriedades físicas:			
i) Areia (%)	40.43	40.45	Hidrómetro de Bouyoucos (Jackson, 1973)
ii) Silte (%)	23.22	23.25	
iii) Argila (%)	36.35	36.30	
iv) Classe textural	Barro argiloso	Barro argilos o	Utilização do triângulo textural fornecido pelo ISSS
B). Análise química:			
v) pH do solo (1:2,5)	6.01	6.03	Método potenciométrico (Jackson, 1973)
vi) EC(dSm)$^{-1}$	0.037	0.034	
vii) Carbono orgânico (%)	0.96	0.98	Método húmido de Walkey e Black (Black, 1965)
viii) N disponível (k ha)$^{-1}$	310.21	314.46	Método do permanganato alcalino (Subbaih e Asija, 1956)
ix) P2O5 disponível (kg ha)$^{-1}$	10.18	10.72	Método de Bray (Bray's e Kurtz, 1945)
x) K2O disponível (kg ha)$^{-1}$	262.81	268.23	Fotómetro de chama (Jackson, 1973)

3.3 Historial de culturas da parcela experimental

As sequências de cultivo seguidas na parcela experimental durante os últimos quatro anos são apresentadas no Quadro 4.

Tabela 4. Histórico de cultivo das parcelas experimentais dos anos 2014-15 e 201516

Ano	2014-15 (Lote n.º 57)		2015-16 (Lote n.º 56)	
	Quaresma	**Rabi**	**Quaresma**	**Rabi**
2011-2012	Arroz	Feijão-frade	Arroz	Pousio
2012-2013	Arroz	Sésamo	Arroz	Pousio
2013-2014	Arroz	Feijão Lablab	Arroz	Feijão Lablab
2014-2015	Arroz	Cana-de-açúcar (estudo atual)	Arroz	Níger
2015-16	Ratoon	Ratoon	Arroz	Cana-de-açúcar (estudo atual)

3.4 Detalhes experimentais

Os pormenores das experiências são apresentados a seguir.

Cultura : Cana-de-açúcar (*Saccharum officinarum* L.)

Variedade : Co-92005

Desenho experimental: Desenho de parcelas divididas em tiras

Réplicas : Três (3)

N.º de combinações de tratamento: Trinta e seis (36)

Tamanho do terreno : Tamanho bruto do lote: -6,60 m X5,40 m

Dimensão da trama: -6,00 m X 3,60 m

Espaçamento : 60-60-120 cm X30 cm

Temporada : *Suru* 2014-2015 e 2015-2016.

Detalhes do tratamento

A) Faixas horizontais - Configurações do terreno:

C1 - Sulcos

C2 - Sulco em leito largo

C3 - Cama plana

B) Tiras verticais

1. Técnicas de estabelecimento:

M1- Plantação de dois gomos no campo (in situ)

M2- Plantio de mudas de gema única cultivadas em solo + FYM na proporção de 1:1.

M3 - Plantação de plântulas de gomo único cultivadas em solo + cocopeat na proporção de 1:1

M4- Plantação de mudas de gema única cultivadas em solo + vermicomposto na proporção de 1:1

2. **Fontes de nutrientes:**

F1- Aplicação de 100 % de CDR através de fertilizantes simples

F2- Aplicação de 75 % de FTR através de briquetes Konkan Annapurna modificados (2:1:1)

F3 - Aplicação de 50 % de FTR através de briquetes Konkan Annapurna modificados (2:1:1)

3.5 Instalação experimental

A experiência de campo foi efectuada num esquema de parcelas divididas em faixas, com 36 combinações de tratamentos, repetidas três vezes. As faixas horizontais consistiam em três configurações de terreno. As faixas verticais consistiam em quatro técnicas de estabelecimento e três fontes de nutrientes. O tamanho bruto e líquido da parcela de cada tratamento foi de 6,60 m x 5,40 m e 6,00 m x 3,60 m, respetivamente. Os pormenores dos tratamentos, juntamente com os símbolos utilizados na planta, são apresentados a seguir e representados graficamente na Fig. 4. O calendário das operações de campo efectuadas nos campos experimentais durante as épocas de colheita de ambos os anos é apresentado no Quadro 5.

3.6 Lavoura preparatória

A lavoura do campo experimental foi feita com uma charrua operada por trator, seguida da trituração dos torrões com um rotavador operado por trator. Em seguida, foi feito o aplainamento com a ajuda de um trator para nivelar o campo e para o tornar bem lavrado durante os dois anos de experimentação.

3.7 Disposição da parcela experimental

A disposição das parcelas experimentais foi efectuada após a plantação do campo, de acordo com o esquema de parcelas divididas em faixas. Os sulcos foram abertos por um sulcador operado por trator para preparar as cristas e os sulcos. O nivelamento dos sulcos de leito largo foi feito manualmente. Havia um total de 108 parcelas numa unidade experimental e 36 parcelas em cada repetição, que foi repetida três vezes. As camas largas foram preparadas com a ajuda de um sulcador, mantendo a largura inferior da cama de 180 cm, a largura superior de 120 cm e a altura de 15 cm com 30 cm de largura de sulco. O plano de campo da disposição experimental dos tratamentos está representado na Fig. 4.

3.8 Aplicação de fertilizantes simples e briquetes Konkan Annapurna modificados

I) Aplicação de fertilizantes

A cultura foi fertilizada com 250 kg de N, 125 kg de P2O5 e 125 kg de K2O por hectare no tratamento (F1) RDF. Na altura da plantação, 10 por cento da dose de

O nitrogénio e toda a dose de P2O5 e K2O foram aplicados pelo método de colocação imediatamente antes da plantação da cultura da cana de açúcar. O restante N foi aplicado em três doses divididas @40, 10 e 40 por cento em um intervalo de seis semanas de cada dose anterior. Os fertilizantes foram dados na forma de fertilizantes simples, ou seja, ureia, superfosfato simples e muriato de potássio, respetivamente.

II) Aplicação de briquetes

No caso dos tratamentos F2 e F3, *ou seja,* 75% e 50% de FTR através de briquetes Konkan Annapurna modificados, os briquetes foram aplicados pelo método de colocação em profundidade. Os briquetes Konkan Annapurna modificados foram aplicados a 685 kg ha^{-1} no tratamento F2 e 457 kg ha^{-1} no tratamento F3. Os briquetes foram preparados na proporção de 2:1:1 (N:P:K) com a ajuda de uma máquina de briquetes. 50 % dos briquetes foram aplicados na altura da plantação in situ e os restantes 50 % 135 dias após a plantação in situ com a ajuda de um pé de cabra a cerca de 7 a 10 cm de profundidade no solo. Os buracos foram cobertos com terra.

3.9 Preparação de briquetes

Os briquetes foram preparados de acordo com a proporção da combinação de fertilizantes utilizada com a ajuda do 'Kranti briquetter'. Cada briquete contém 3,0 g de peso. A composição dos briquetes Konkan Annapurna modificados em F2 foi GROMOR (fertilizante complexo de 14:35:14 grau NPK) 265,5 kg + ureia 327 kg + MOP 93 kg compreendendo 685,50 kg de briquetes para uma área de um hectare. Enquanto no caso do tratamento F3, a composição dos briquetes Konkan Annapurna modificados foi GROMOR (fertilizante complexo de 14:35:14 grau NPK) 177 kg + ureia 218 kg + MOP 62 kg, consistindo em 457,00 kg de briquetes para uma área de um hectare.

3.10 Preparação do material de sementeira para plantação

As canas-semente da variedade de cana-de-açúcar Co 92005, com 10 meses de idade, foram obtidas da Estação Regional de Investigação de Cana-de-açúcar e Jaggery, Kolhapur, para a preparação do viveiro e para a plantação *in situ.*

1) Preparação de pegamentos de gemas individuais

Os conjuntos de gemas simples foram preparados com a ajuda do "cortador de cana-de-açúcar Khilare", cortando canas de sementes 2,5 cm acima da gema e 5-6 cm abaixo da gema. Esses pegamentos de gema única foram semeados em retratos plásticos de 56 cm x 36 cm com 42 copos retangulares com 70 mm de comprimento, 50 mm de largura e 75 mm de profundidade. Os rebentos individuais foram cultivados no solo juntamente com diferentes meios de cultura, *nomeadamente* F.Y.M, cocopeat e vermicomposto, de acordo com os tratamentos, na proporção de 1:1 em peso.

Quadro 5. Calendário das operações culturais efectuadas na parcela experimental durante o

período de investigação

Sr. Não.	Operação no terreno	Data da ação	
		2014-15	**2015-16**
A)	**Viveiro**		
1.	Construção de uma casa de sombra verde para um viveiro	12/01/2014	03/01/2015
2.	Preparação da turfa de coco	15/01/2014	04/01/2015
3.	Preparação dos suportes	15/01/2014	04/01/2015
4.	Plantação de estacas de gema única em viveiro	15/01/2014	04/01/2015
5.	Regar os tabuleiros	Diário	Diário
6.	Desenraizamento e transplantação de plântulas	28/02/2015	19/01/2015
B)	**Ensaio de campo**		
7.	Lavouras	20/12/2013	01/12/2014
8.	Trituração de torrões	28/12/2013	16/12/2014
9.	Nivelamento	29/12/2013	19/12/2014
10.	Preparação dos sulcos por sulcador puxado por trator	31/12/2013	21/12/2014
11.	Esquema da experiência	05/01/2014	24/12/2014
12.	Preparação das parcelas por trabalho manual	06/01/2014	26/12/2014
13.	Plantação de dois pegamentos com gemas	15/01/2014	04/01/2015
14.	Transplantação de mudas de gomos únicos	28/02/2014	17/02/2015
15.	a) Aplicação de fertilizantes de acordo com os tratamentos i. Aplicação basal ii. 6 semanas após a plantação iiiÀs 12 semanas após a plantação iv18 semanas após a plantação	 15/01/2014 26/02/2014 07/04/2014 22/05/2014	 04/01/2015 15/02/2015 22/03/2015 03/05/2015
	b) Aplicação de briquetes de acordo com os tratamentos i. Aplicação basal Para dois pegamentos com gemas (in situ) Para as colónias transplantadas ii. Aos 135 dias após a plantação	 15/01/2014 28/02/2014 01/06/2014	 04/01/2015 17/02/2015 20/05/2015

16.	Irrigação	Com um intervalo de um dia	Com um intervalo de um dia
17.	Monda manual	20/02/0214 22/03/2014 19/04/2014	08/02/2015 11/03/2015 10/04/2015
18.	Ligação à terra	01/06/2014	20/05/2015
19.	Medidas fitossanitárias (300 ml de malatião e 100 g de bavistina por 100 litros de água)	15/01/2014	04/01/2015
20.	Colheita	25/01/2015' 30/01/2015	10/01/2016' 14/01/206

** Incorporação de FYM @20t ha^{-1} na altura da segunda lavoura transversal

3.11 Características salientes da variedade de cana-de-açúcar CO 92005

Pais: CoC 671 X CoT 8201.

A variedade de cana-de-açúcar Co 92005 foi utilizada no presente estudo. A variedade Co 92005 tem um rendimento elevado com um teor moderado de sacarose e é adequada para a plantação de suru e de pré-sazonal na zona sub-montanhosa de Maharashtra para a produção de açúcar de cana. O rendimento médio da cana moível e do açúcar de cana comercial é de 128,32 e 18,89 t ha^{-1} , respetivamente, em condições normais.

3.12 Transplantação de plântulas

Depois de as plântulas terem sido criadas de acordo com os tratamentos e terem atingido uma idade de 45 dias, foram transplantadas em condições de seca, de modo a que todas as raízes das plântulas fossem colocadas abaixo da superfície do solo e a parcela experimental fosse imediatamente irrigada. Quando a parcela experimental atingiu a capacidade de campo, as plântulas transplantadas foram pressionadas à superfície do solo para assegurar o contacto firme das raízes com o solo e foi feita uma segunda irrigação.

3.13 Irrigação

Na presente investigação, a parcela experimental foi irrigada por gotejamento em dias alternados desde o plantio até o início da monção e após a retirada da monção até a maturidade da cultura.

3.14 Preenchimento de lacunas

O preenchimento das lacunas foi feito aos 30 DAP dos colmos de cana-de-açúcar e 15 dias após o plantio dos colmos.

3.15 Monda e intercultura

No presente estudo, foram efectuadas três mondas manuais com um intervalo de 30 dias antes da monção. O aterramento é feito com a ajuda de um motocultivador.

3.16 Medidas fitossanitárias

Durante a preparação dos colonatos, os colonos são tratados com 300 ml de malatião e 100 g de bavistina por 100 litros de água e embebidos durante 20 minutos para controlo da broca do caule. O controlo dos ratos na cultura em pé foi feito através da colocação de isco de fosforeto de zinco na proporção de 1:50 perto das tocas vivas.

3.17 Colheita

A parcela experimental foi colhida quando atingiu a maturidade. As canas moídas nas linhas de fronteira foram colhidas primeiro e mantidas separadamente para evitar o efeito de fronteira. Em seguida, as canas da parcela de rede foram colhidas separadamente. As datas de colheita de ambos os anos são apresentadas no Quadro 5.

3.18 Avaliação do tratamento

A resposta da cultura aos diferentes tratamentos no âmbito do presente estudo foi avaliada com base no crescimento, rendimento, qualidade, teor e absorção de nutrientes da cana-de-açúcar, bem como no estado dos nutrientes disponíveis no solo após a colheita da cultura.

3.18.1 Observação biométrica

A partir da linha de parcela líquida, cinco plantas foram selecionadas aleatoriamente e marcadas para registrar observações para avaliar o efeito de diferentes tratamentos no crescimento e desenvolvimento da cana de açúcar. Todas as observações biométricas e outras registadas durante o curso da investigação são apresentadas no quadro 6, juntamente com a frequência e a hora do registo.

3.18.2 População de rebentos por parcela de rede

O número de rebentos da parcela líquida foi contado para cada tratamento aos 90, 135 DAP e 30 dias após o aterramento e as suas médias foram calculadas.

3.18.3 . Rácio de perfilhamento

A contagem de germinação registada aos 60 dias foi tomada como população base de canas-mãe e a taxa de perfilhamento aos 120 dias foi calculada como se segue,

$$\text{Tillering ratio} = \frac{(\text{Total number of shoots}) - (\text{Total number of mother canes})}{(\text{Total number of mother canes})}$$

3.18.4 Altura da planta (cm)

A altura das plantas seleccionadas ao acaso foi medida desde a base do caule até à base da folha aberta superior aos 240, 300 DAP e na colheita, tendo sido calculadas as médias.

3.18.5 Área foliar

Foram contadas todas as folhas de duas plantas seleccionadas, uma do rebento principal e outra do rebento lateral. A quarta folha de cada planta foi selecionada e o seu comprimento e largura foram medidos. A área foliar foi calculada pela seguinte fórmula (Naidu, 1986),

Área foliar= Número de folhas verdes xLx Bx 0,6274 (fator)

3.18.6 Acumulação de matéria seca (g planta')[1]

Para a acumulação de matéria seca, duas plantas (uma do rebento principal e outra do rebento lateral) foram removidas por corte na base com 60 dias de intervalo até à colheita. As folhas e o caule foram separados e cortados em pequenos pedaços e o peso fresco foi registado. Após a secagem inicial ao sol, foram secas num secador de estufa controlado termoestaticamente a uma temperatura de $50+2^0$ C até se obter um peso constante.

3.19 Parâmetros de rendimento e rendimento da cana-de-açúcar

3.19.1 Comprimento da cana (cm)

O comprimento da cana de uma linha selecionada aleatoriamente com um metro de comprimento foi medido na colheita e foi calculado o comprimento médio da cana moível.

3.19.2 Perímetro da cana

O perímetro de cada cana foi medido com a ajuda de um fio e de uma fita métrica e foi calculado o perímetro médio da cana.

3.19.3 Número de entrenós por cana

Os entrenós de todas as canas utilizadas para a medição do comprimento foram contados aquando da colheita.

3.19.4 Número de canas moíveis por hectare

Aquando da colheita, foi contado o número de todas as canas moídas das parcelas da rede e o número foi calculado com base no hectare.

3.19.5 Peso por cana moída

O peso de cinco canas foi registado e o peso médio por cana foi calculado.

3.19.6 Peso de topos verdes por cana

Foi registada a massa verde do topo de cinco canas e calculada a massa média do topo por cana.

3.19.7 Peso do lixo por cana

O peso do lixo de cinco canas foi registado e o peso médio do lixo por cana foi calculado.

3.19.8 Produção total de biomassa por cana

A produção total de biomassa por cana foi calculada através da soma do peso da cana por cana moída, do peso dos topos verdes por cana e do peso do lixo por cana

3.19.9 Rendimento da cana moível (t ha')^{1}

O peso das canas moídas de cada parcela de rede foi registado separadamente com a ajuda de uma balança de plataforma e o rendimento por hectare foi calculado.

3.19.10 Peso dos capítulos verdes (t ha')^{1}

O peso dos capítulos verdes por parcela de rede foi registado e calculado com base no hectare

3.19.11 Produção de lixo (t ha')^{1}

O peso das folhas secas por parcela líquida foi calculado e convertido numa base hectare.

3.19.12 Rendimento biológico (t ha')^{1}

O rendimento biológico da cultura foi calculado através da soma do rendimento da cana moída, do peso do topo verde e do rendimento do lixo de cada parcela líquida separadamente e convertido numa base hectare.

Quadro 6. Pormenores das observações biométricas e outras observações registadas

Sr. Não.	Particular	Freq.	Período de observação
A)	**Estudos de crescimento (antes da colheita)**		
	Percentagem de sobrevivência	1	Aos 60 DAP
i.	População de rebentos por parcela de rede	3	90, 135 DAP e aos 30 DAEU
ii.	Altura da planta (cm)	3	Aos 240, 300 DAP e na colheita

iii.	Área foliar (cm)[2]	6	A 60,120,180,240,300 DAP e na colheita
iv.	Acumulação de matéria seca (g)		
B)	**Na colheita**		
i.	Comprimento da cana (cm)	1	Na colheita
ii.	Circunferência da cana (cm)	1	
iii.	Número de entrenós por cana	1	
iv.	Número de canas moídas por hectare".[1]	1	
v.	Peso por cana moída	1	
vi.	Peso de topos verdes por cana	1	
vii.	Peso do lixo por cana	1	
viii.	Produção total de biomassa por cana	1	
ix.	Rendimento da cana moível (t ha')[1]	1	
X.	Peso da copa verde (t ha')[1]	1	
xi.	Produção de lixo (t ha')[1]	1	
xii	Rendimento biológico (t ha')[1]	1	
C)	**Estudos de qualidade**		
i.	Percentagem de Brix no sumo	1	Após a colheita
ii	Percentagem de sacarose no sumo		
ii.	Percentagem de pureza no sumo		
iii.	Percentagem de açúcar de cana comercial em sumo (CCS)		
iv.	Açúcar de cana comercial (t ha')[1]		

D)	Análise do solo		
i.	Análises mecânicas e químicas	1	Solo inicial
ii.	Teor de azoto, fósforo e potássio nas plantas	1	Após a colheita da cultura
iii.	Azoto, fósforo e potássio disponíveis (kg ha')[1]	1	Antes da plantação e após a colheita da cultura

3.20 Parâmetros de qualidade da cana-de-açúcar

3.20.1 Percentagem de Brix no sumo

A leitura do Brix foi registada com o hidrómetro de Brix e a correção foi aplicada com a tabela de correção do Brix.

3.20.2 Percentagem de sacarose no sumo

Colocaram-se cerca de 100 ml de sumo num erlenmeyer e adicionou-se um grama de subacetato de chumbo seco, misturando bem. As impurezas foram filtradas com papel de filtro Whatman n.º 40 e o filtrado foi recolhido num copo limpo e seco (100 ml). O filtrado acima referido foi colocado num tubo polarímetro de 200 ml e a leitura Pol foi registada utilizando o método do chumbo seco de Harnel com solução diluída, tal como descrito por Spencer e Mende, 1964. A percentagem de sacarose foi determinada a partir do brix (não corrigido) e da leitura pol correspondente, consultando as tabelas de Schmitz.

3.20.3 Percentagem de pureza no sumo

Foi retirada uma amostra aleatória de duas canas de cada parcela de rede. As canas limpas e moíveis foram esmagadas num triturador elétrico de 2 rolos e o sumo obtido foi coado através de um pano de musselina para remover o bagaço e outras impurezas em suspensão. A percentagem de pureza do sumo é calculada pela seguinte fórmula,

Percentagem de pureza = (Sacarose % /Brix % corrigido) x100

3.20.4 Açúcar de cana comercial Percentagem em sumo (CCS)

A percentagem de açúcar de cana comercial na cana foi calculada utilizando a seguinte fórmula

CCS % = [S-(B - S)x 0,4] x 0,73

Onde, S = Sacarose % no sumo e B = Brix

3.20.5 Açúcar de cana comercial (t ha')^{1}

O açúcar de cana comercial por hectare (CCS) foi calculado utilizando a seguinte fórmula,

$$CCS(tha^{-1}) = \frac{\text{Açúcar disponível \% na cana}}{100} \times \text{Rendimento da cana}(tha)^{-1}$$

3.21 Análise do solo

As amostras de solo colhidas a 0-30 cm de profundidade antes da experimentação (inicial) e após a colheita da cultura foram secas, trituradas e depois peneiradas numa peneira de 2 mm. A amostra de solo inicial foi analisada relativamente a diferentes propriedades físicas e químicas (Quadro 3). As amostras de solo recolhidas após a colheita da cana-de-açúcar foram utilizadas para determinar o azoto, o fósforo e o potássio disponíveis, seguindo os métodos normalizados prescritos, tal como mencionado no quadro 3.

3.22 Economia

A fim de avaliar a eficácia económica dos diferentes tratamentos e determinar o tratamento mais remunerador, foram calculadas e adicionadas as despesas, incluindo todas as operações culturais, desde a lavoura preparatória até à colheita da cultura, e o custo dos factores de produção, *nomeadamente* material de plantação, meios de enraizamento, irrigação, pesticidas, *etc.*, aplicados a cada tratamento. A realização bruta foi calculada com base nos rendimentos da cana moída e do topo verde para cada tratamento, considerando os preços prevalecentes no mercado durante o ano de experimentação. A realização líquida de cada tratamento foi calculada deduzindo o custo total de cultivo dos rendimentos brutos. Enquanto que, o benefício

(B:C) de cada tratamento foi também calculada dividindo a realização bruta pelo custo de cultivo dos respectivos tratamentos.

3.23 Análise estatística

Os dados experimentais foram analisados estatisticamente aplicando a técnica de análise de variância e a significância foi testada pelo rácio de variância, *ou seja,* o valor F a um nível de significância de 5 por cento, conforme descrito por Panse e Sukhatme, 1967. O erro padrão da média (S.Em.) e a diferença crítica (C.D.) foram calculados para avaliar as diferenças entre os tratamentos.

CAPÍTULO IV

RESULTADOS EXPERIMENTAIS

O resultado da experiência intitulada "Efeito das configurações do terreno, técnicas de estabelecimento e fontes de nutrientes na cana-de-açúcar *suru* nas condições do Konkan" é apresentado neste capítulo. As constatações experimentais observadas em 2014-15 e 2015-16 são apresentadas sob os seguintes títulos.

4.1 Estudos de populações de plantas

4.2 Estudos de crescimento e desenvolvimento das culturas

4.3 Caracteres de atribuição de rendimento

4.4 Estudos de rendimento

4.5 Estudos de qualidade

4.6 Estudos de nutrientes

4.7 Economia

4.1 Estudos de populações de plantas

4.1.1 Percentagem de sobrevivência

Os dados relativos à percentagem de sobrevivência das parcelas em rede, obtidos sob vários tratamentos aos 60 dias após a plantação, são apresentados no quadro 7.

Efeito das configurações do terreno

A leitura dos dados apresentados na Tabela 7 revelou que, as diferenças na porcentagem de sobrevivência por parcela líquida em todos os tratamentos não foram significativas devido a diferentes configurações de terra aos 60 DAP durante ambos os anos. Portanto, a variação no rendimento da cana de açúcar sob diferentes tratamentos não foi devido à população de plantas, mas foi devido apenas ao efeito do tratamento.

Tabela 7. Efeito de configurações de terra, técnicas de estabelecimento e fontes de nutrientes na percentagem de sobrevivência e população de brotos ha^{1} de cana de açúcar

Tratamento	Percentagem de sobrevivência		População de rebentos ha^{1}					
	60 dias após a plantação		90 dias após a plantação		135 Dias após a plantação		30 dias após a ligação à terra	
Configurações do terreno	**2014**	**2015**	**2014**	**2015**	**2014**	**2015**	**2014**	**2015**
Ci: R e F	92.67	93.17	78768.00	79693.93	157503.60	158892.49	90740.74	92129.63
C_2 : BBF	92.26	92.76	78497.94	79423.87	152796.81	150283.95	90702.16	92091.05
Cama plana	92.33	92.83	78407.92	79333.85	140978.40	143943.42	90549.77	91938.66
S.E.±	1.29	0.87	908.92	760.46	4734.72	3508.95	1737.51	1255.893
C.D. a 5%	NS	NS	NS	NS	NS	NS	NS	NS
Técnicas de estabelecimento								
Mi: In situ	92.69	93.19	78600.82	79526.75	159625.51	156824.42	92781.21	94170.10
M_2 : Solo+FYM.	92.64	93.14	78926.61	79852.54	161614.54	161991.08	92832.65	94221.54
Mi: Solo+Coco.	92.22	92.72	78343.62	79269.55	133116.60	136596.02	84190.67	85579.56
M<: Solo+Vermi.	92.13	92.63	78360.77	79286.69	147348.42	148748.29	92852.37	94241.26
S.E.±	1.67	1.716	1379.445	1095.595	5973.33	3812.10	1845.39	1636.29
C.D. a 5%	NS	NS	NS	NS	20670.44	13191.61	6385.90	5662.33
Fontes de nutrientes								
Fi: 100% FTR	92.74	93.24	78922.33	79848.25	156140.43	157537.55	91872.43	93261.32
F_2 : 75% KAB	91.74	92.24	78420.78	79346.71	152436.73	153833.85	91692.39	93081.28
F_3 : 50% KAB	92.78	93.28	78330.76	79256.69	142701.65	141748.46	88427.85	89816.74
S.E.±	0.81	0.80	705.86	744.12	3527.57	3714.14	1061.05	1034.22
C.D. a 5%	NS	NS	NS	NS	10030.54	10561.05	3017.08	2940.77
efeito de interação								
CXM	NS	NS	NS	NS	Sig.	Sig.	NS	NS
CXF	NS	NS	NS	NS	NS	NS	NS	NS
MXF	NS	NS	NS	NS	Sig.	Sig.	NS	NS
CXMXF	NS	NS	NS	NS	NS	NS	NS	NS
Média geral	**92.42**	**92.92**	**78559.96**	**79483.88**	**150426.27**	**151039.95**	**90664.22**	**92053.11**

Efeito das técnicas de estabelecimento

A partir dos dados apresentados na Tabela 7, revelou-se que as diferentes técnicas de estabelecimento não exibiram qualquer efeito significativo na percentagem média de sobrevivência da cana-de-açúcar durante ambos os anos de estudo.

Efeito das fontes de nutrientes

Durante os dois anos de estudo, a percentagem média de sobrevivência da cana de açúcar não atingiu o nível de significância devido às diferentes fontes de nutrientes. **Efeitos de interação**

Todas as interacções entre as configurações do terreno, técnicas de estabelecimento e fontes de nutrientes não mostraram qualquer efeito significativo na percentagem média de sobrevivência da cana de açúcar durante ambos os anos de experimentação.

4.1.2 População de rebentos por hectare

Os dados relativos à população de rebentos por hectare, obtidos sob vários tratamentos aos 90 dias após a plantação, 135 dias após a plantação e 30 dias após a ligação à terra, são apresentados no Quadro 7 e representados na Fig. 5.

Efeito da configuração dos terrenos

Os dados revelaram que a população de rebentos por hectare não foi significativamente influenciada pelas diferentes configurações do terreno aos 90 DAP, 135 DAP e 30 dias após a ligação à terra durante ambos os anos. Numericamente, a população de rebentos foi maior na configuração do terreno em sulcos.

Efeito das técnicas de estabelecimento

A partir dos dados observou-se que, as diferentes técnicas de estabelecimento influenciaram significativamente a população de rebentos aos 135 DAP e 30 dias após o aterramento durante ambos os anos de estudo.

Aos 135 DAP, a plantação de pegamentos de gema única cultivados no solo + FYM registou um número significativamente mais elevado de rebentos por hectare, seguido da plantação de dois pegamentos de gema no campo e da plantação de pegamentos de gema única cultivados no solo + vermicomposto, que foram iguais entre si, mas considerados significativamente superiores ao tratamento de plantação de pegamentos de gema única cultivados no solo + cocopeat. No entanto, o tratamento de plantação de estacas de gomo único cultivadas no solo + cocopeat registou significativamente o menor número de rebentos por hectare em ambos os anos de estudo.

Aos 30 dias após a ligação à terra, a plantação de plântulas de gema única cultivadas no solo + vermicomposto registou mais rebentos, seguida pela plantação de plântulas de gema única cultivadas no solo + FYM e plantação de duas plântulas de gema no campo, que estavam ao mesmo nível, mas foram significativamente superiores à plantação de plântulas de gema única cultivadas no solo + cocopeat. No entanto, o tratamento de plantação de estacas de gema única cultivadas no solo + cocopeat registou significativamente o número mais baixo de rebentos por hectare durante ambos os anos de estudo.

Efeito das fontes de nutrientes

A análise dos dados apresentados na Tabela 7 implica que, diferentes fontes de nutrientes influenciaram significativamente a população de rebentos da cana-de-açúcar durante ambos os anos em todas as fases de crescimento da cultura. A aplicação de 100 % de FTR através de fertilizantes simples registou um maior número de rebentos seguido de 75 % de FTR através de briquetes Konkan Annapurna modificados, que foram comparados entre si e considerados significativamente superiores a 50 % de FTR aplicados através de briquetes Konkan Annapurna modificados. No entanto, a aplicação de 50 % FTR através de briquetes Konkan Annapurna modificados registou significativamente o número mais baixo de rebentos por hectare durante ambos os anos de estudo.

Tabela 8. Efeito de interação das técnicas de estabelecimento X fontes de nutrientes na população de rebentos ha'1 aos 135 DAP da cana-de-açúcar

Tratamento	2014			2015		
	Fi	F2	F3	Fl	F2	F3
Mi	150983.53	165541.15	162351.85	152372.42	166930.04	151170.78
M2	172897.11	172691.35	139255.14	174286.00	174080.24	137606.99
M3	132722.22	139975.30	126652.26	134144.03	141397.10	134246.91
M4	167958.84	131539.09	142547.32	169347.73	132927.98	143969.13
S.E.±	7055.15			7428.29		
C.D. em	20061.08			21122.11		

Tabela 9. Efeito de interação das configurações do terreno X estabelecimento técnicas sobre a população de rebentos ha'1 aos 135 DAP da cana-de-açúcar

Tratamento	2014			2015		
	Ci	C2	C3	C1	C2	C3
Mi	190026.70	167701.64	121148.14	191415.68	156520.57	122537.03
M2	150983.50	173000.00	160860.08	152372.40	171351.85	162248.97
M3	149337.44	124851.85	125160.49	150726.37	126240.74	132820.98
M4	139666.66	145633.74	156744.85	141055.55	147022.63	158166.66
SÆ.±	7738.95			8090.76		
C.D. a 5%	23846.08			24930.12		

Efeitos de interação

As interações entre técnicas de estabelecimento X fontes de nutrientes (Tabela 8) e configurações do terreno X técnicas de estabelecimento (Tabela 9) tiveram efeito significativo sobre a população de brotos da cana-de-açúcar durante os dois anos de experimentação.

Aos 135 DAP, a combinação de tratamentos de plantio de mudas de gema única cultivadas no solo + FYM junto com a aplicação de 100 % RDF através de fertilizantes simples registrou maior população de brotos seguida pela combinação de tratamentos de plantio de mudas de gema única cultivadas no solo + FYM junto com 75 % RDF através de briquetes Konkan Annapurna modificados do que o resto das combinações de tratamentos durante ambos os anos.

A combinação de tratamentos de sulcos e camalhões, juntamente com a plantação de dois rebentos no campo, registou uma população de rebentos mais elevada, seguida da combinação de tratamentos de sulcos de leito largo, juntamente com a plantação de rebentos únicos criados no solo + FYM, do que o resto das combinações de tratamentos aos 135 DAP durante ambos os anos.

4.1.3 Rácio de perfilhamento

Os dados relativos ao rácio de perfilhamento obtidos sob vários tratamentos são apresentados no Quadro 10.

Efeito das configurações do terreno

Os dados revelaram que a taxa de perfilhamento não foi significativamente influenciada devido às diferentes configurações do terreno. No entanto, a taxa de perfilhamento foi numericamente mais alta em sulcos e camalhões do que no resto dos tratamentos em estudo.

Efeito das técnicas de estabelecimento

Os dados revelaram que as diferentes técnicas de estabelecimento influenciaram significativamente a taxa de perfilhamento durante os dois anos de estudo. O tratamento de plantio de dois brotos no campo registrou uma taxa de perfilhamento mais alta, seguido pelo plantio de brotos simples criados no solo + FYM e plantio de brotos simples criados no solo + vermicomposto, que foram iguais entre si, mas foram significativamente superiores ao plantio de brotos simples criados no solo + cocopeat.

Efeito das fontes de nutrientes

A análise dos dados apresentados na Tabela 10 implica que diferentes fontes de nutrientes influenciaram significativamente a taxa de perfilhamento da cana de açúcar durante os dois anos. A aplicação de 100 % de FDN através de fertilizantes simples registrou uma taxa de perfilhamento mais alta seguida por 75 % de FDN através de briquetes Konkan Annapurna modificados que estavam a par um com o outro e foram considerados significativamente superiores a 50 % de FDN aplicados através de briquetes Konkan Annapurna modificados. No entanto, a aplicação de 50 % de FTR através de briquetes Konkan Annapurna modificados registou significativamente o rácio de perfilhamento mais baixo durante ambos os anos de estudo. **Efeitos de interação**

Os efeitos de interação entre configurações de terra, técnicas de estabelecimento e fontes de nutrientes não exibiram nenhum efeito significativo na razão de perfilhamento da cana de açúcar em todos os estágios de crescimento da cultura durante ambos os anos. **4.2 Estudos de crescimento e desenvolvimento da cultura**

A altura da planta, a área foliar por planta e o acúmulo de matéria seca por planta da cana-de-açúcar foram estudados periodicamente durante os anos de 2014-15 e 2015-16.

4.2.1 Altura da planta (cm)

Os dados referentes à altura da cana moída da cana de açúcar influenciada por diferentes tratamentos durante os dois anos são apresentados na Tabela 10, e representados graficamente na Fig. 6. A altura da cana de açúcar foi significativamente influenciada em todos os estágios de crescimento da cultura durante ambos os anos. A altura da planta aumentou progressivamente com o avanço da idade da cultura e atingiu a sua altura máxima na colheita. A altura média da planta durante 2014-15 e 2015-16 na colheita foi de 222,78 cm e 223,81 cm, respetivamente.

Efeito das configurações do terreno

Os vislumbres dos dados apresentados na Tabela 10 revelaram que, durante ambos os anos, a altura média da cana-de-açúcar não foi influenciada significativamente em todos os estágios de crescimento da cultura devido às configurações de terra em estudo. Numericamente, a altura da planta foi mais alta no tratamento de sulcos e camalhões.

Efeito das técnicas de estabelecimento

O exame minucioso dos dados apresentados na Tabela 10 implica que, diferentes técnicas de estabelecimento influenciaram significativamente a altura da cana de açúcar moída durante ambos os anos em todos os estágios de crescimento da cultura. O plantio de mudas de gema única cultivadas no solo + FYM registrou mais altura de planta seguido pelo plantio de duas mudas de gema no campo e plantio de mudas de gema única cultivadas no solo + vermicomposto que estavam no mesmo nível um do outro, mas foram significativamente superiores ao plantio de mudas de gema única cultivadas no solo + cocopeat em todos os estágios de crescimento durante ambos os anos. No entanto, o tratamento de plantação de plântulas de gomo único cultivadas em solo + cocopeat registou significativamente a altura de planta mais baixa durante ambos os anos de estudo.

Efeito das fontes de nutrientes

Durante ambos os anos de estudo, a altura da planta foi significativamente influenciada durante todo o período de crescimento da cultura. A maior altura de planta foi registada pela aplicação de 100 % de FTR através de fertilizantes simples que foi seguido pela aplicação de 75 % de FTR através de briquetes Konkan Annapurna modificados que estavam a par um com o outro, mas foram significativamente superiores à aplicação de 50 % de FTR através de briquetes Konkan Annapurna modificados em todas as fases de crescimento durante ambos os anos. No entanto, a aplicação de 50 % de FTR através de briquetes Konkan Annapurna modificados registou significativamente a altura de planta mais baixa durante ambos os anos de estudo.

Efeitos de interação

Os efeitos de interação entre as configurações do terreno, as técnicas de estabelecimento e as fontes de nutrientes não revelaram qualquer efeito significativo na

Tabela 10. Efeito das configurações do terreno, técnicas de estabelecimento e fontes de nutrientes na taxa de perfilhamento e altura da planta da cana-de-açúcar

Tratamentos	Taxa de perfilhamento aos 120 DAP		Altura da planta (cm)					
	2014	2015	240 DAP		300 DAP		Na colheita	
			2014	2015	2014	2015	2014	2015
Configurações do terreno								
Ci:RandF	2.58	2.66	157.47	159.53	200.04	204.73	224.34	224.82
C_2 : BBF	2.45	2.39	155.53	157.53	197.13	201.64	223.32	224.58
C_3 : Cama plana	2.27	2.29	154.25	155.18	194.59	198.15	220.76	222.01
S.E.±	0.11	0.07	2.430	2.132	2.732	2.152	2.057	0.990
C.D. a 5%	NS	NS	NS	NS	NS	NS	NS	NS
Estabelecimento techmoues								
Mi: In situ	2.66	2.60	156.64	156.32	199.07	202.96	224.72	225.26
M_2 : Solo+FYM.	2.65	2.87	163.81	165.81	206.43	210.52	229.59	230.69
M_3 : Solo+Coco.	2.08	2.04	148.47	151.44	187.43	192.46	214.58	214.63
M4: Solo+Vermi.	2.33	2.28	154.09	156.09	196.09	200.09	222.35	224.63
S.E.±	0.11	0.13	2.912	2.75	3.44	3.16	2.47	2.75
C.D. a 5%	0.39	0.46	10.07	9.53	11.92	10.95	8.56	9.54
Fontes de nutrientes								
Fi: 100% FTR	2.52	2.60	161.54	164.32	201.23	205.83	226.55	227.38
F2: 75% KAB	2.49	2.43	154.13	154.33	197.83	202.27	223.14	225.45
F_3 : 50% KAB	2.28	2.30	151.59	153.59	192.70	196.42	218.74	218.58
S.E.±	0.062	0.06	1.417	1.270	1.462	1.645	1.401	1.454
C.D. a 5%	0.177	0.19	4.029	3.611	4.158	4.677	3.983	4.135

efeito de interação								
CXM	NS	NS	NS	NS	NS	NS	NS	NS
CXF	NS	NS	NS	NS	NS	NS	NS	NS
MXF	NS	NS	NS	NS	NS	NS	NS	NS
CXMXF	NS	NS	NS	NS	NS	NS	NS	NS
Média geral	**2.43**	**2.44**	**155.75**	**157.41**	**197.25**	**201.51**	**222.78**	**223.81**

altura média da planta da cana-de-açúcar em todas as fases de crescimento da cultura durante os dois anos.

4.2.2 Área foliar por planta (cm)^2

Os dados relativos à área foliar por planta da cana-de-açúcar influenciada pelos diferentes tratamentos são apresentados no Quadro 11 e representados graficamente em

Fig. 7. A área foliar por planta aumentou até 300 DAP com o avanço da idade da cultura. Depois disso, a área foliar por planta diminuiu em direção à maturidade da cultura. Os diferentes tratamentos influenciaram significativamente a área foliar por planta em todas as fases de crescimento da cultura durante os dois anos.

Efeito da configuração das terras:

Os dados apresentados na Tabela 11 insinuam que, a área foliar por planta de cana de açúcar não foi significativamente influenciada devido às diferentes configurações de terra durante ambos os anos de estudo. Numericamente mais área foliar foi registada pela plantação de cana de açúcar em cumes e sulcos.

Efeito das técnicas de estabelecimento

Os vislumbres dos dados apresentados na Tabela 11 revelaram que, todas as técnicas de estabelecimento influenciaram significativamente a área foliar por planta de cana de açúcar, durante todo o período de crescimento da cultura, exceto aos 60 e 120 DAP.

A 180, 240, 300 DAP e na colheita a área foliar significativamente maior por planta foi notada sob o tratamento de plantação de pegamentos de um só gomo cultivados no solo + FYM sobre o resto das técnicas de estabelecimento *i.e.* plantação de dois gomos no campo, plantação de pegamentos de um só gomo cultivados no solo + vermicomposto e plantação de pegamentos de um só gomo cultivados no solo + cocopeat nessa ordem descendente durante ambos os anos de estudo. No entanto, a plantação de estacas de gema única cultivadas no solo + cocopeat registou a área foliar mais baixa por planta durante ambos os anos de experimentação.

Efeito das fontes de nutrientes

A área foliar da cana-de-açúcar foi significativamente influenciada devido a diferentes fontes de nutrientes em todas as fases de crescimento da cultura, exceto aos 60 DAP e 120 DAP durante ambos os anos de experimentação. A cana-de-açúcar cultivada sob tratamento com 100 % de FTR através de fertilizantes simples registou significativamente mais área foliar por planta do que 75 % de FTR através de briquetes Konkan Annapurna modificados e 50 % de FTR através de briquetes Konkan Annapurna modificados em todas as fases de crescimento durante ambos os anos. A aplicação de 50 % de FTR através de briquetes Konkan Annapurna modificados registou significativamente menos

Tabela 11. Efeito das configurações do terreno, técnicas de estabelecimento e fontes de nutrientes na área foliar da cana-de-açúcar

Tratamentos	Área foliar (cm)^2											
Configurações do terreno	60 DAP		120 DAP		180 DAP		240 DAP		300 DAP		Na colheita	
	2014	2015	2014	2015	2014	2015	2014	2015	2014	2015	2014	2015
Ci: R e F	456.89	452.33	1544.89	1552.89	2949.75	2957.53	4072.86	4092.97	4683.14	4703.31	4288.64	4306.53
C_2 : BBF	454.67	451.92	1529.33	1537.33	2835.36	2854.25	3987.67	4001.58	4582.58	4580.03	4173.11	4164.03
Cama plana	441.17	439.22	1485.17	1493.17	2711.94	2717.25	3844.69	3858.81	4438.47	4436.33	4032.69	4035.22
S.E.±	13.183	9.556	45.398	40.109	2949.75	2957.53	78.604	88.476	100.555	99.514	60.965	57.345
C.D. a 5%	NS	NS	NS	NS	NS	NS	NS	NS	NS	NS	NS	NS
Técnicas de estabelecimento												
Mi: In situ	451.56	445.15	1524.78	1532.78	2924.04	2936.44	4066.63	4093.96	4661.59	4679.44	4264.07	4280.85
M_2 : Solo+FYM	454.78	458.00	1537.19	1545.19	3049.48	3054.48	4186.48	4199.96	4793.67	4784.89	4378.19	4389.00
Mi: Solo+Coco	447.70	443.70	1499.96	1507.96	2555.85	2579.37	3696.56	3714.67	4299.37	4302.37	3891.96	3888.04
Mi: Solo+Vermi.	449.59	444.44	1517.26	1525.26	2800.04	2801.74	3923.96	3929.22	4517.63	4526.19	4125.04	4116.48
S.E.±	10.856	9.072	27.821	33.355	87.391	63.561	89.159	85.227	71.195	67.451	73.435	77.302
C.D. a 5%	NS	NS	NS	NS	302.414	219.950	308.531	294.925	246.369	233.413	254.119	267.501
Fontes de nutrientes												
Fi: 100% FTR	457.31	452.75	1564.44	1572.44	3004.47	3009.47	4141.47	4150.47	4729.47	4735.25	4329.47	4334.25
F_2 : 75% KAB	451.81	449.08	1502.00	1510.00	2859.64	2864.94	3996.64	4006.42	4584.64	4589.03	4184.64	4189.42
F_3 : 50% KAB	443.61	441.64	1492.94	1500.94	2632.94	2654.61	3767.11	3796.47	4390.08	4395.39	3980.33	3982.11
S.E.±	7.554	7.176	22.059	22.894	59.906	66.370	55.661	58.611	59.064	57.278	59.021	62.092
C.D. a 5%	NS	NS	NS	NS	170.340	188.722	158.271	166.657	167.947	162.869	167.826	176.55
Efeito de interação												
CXM	NS	NS	NS	NS	NS	NS	NS	NS	NS	NS	NS	NS
CXF	NS	NS	NS	NS	NS	NS	NS	NS	NS	NS	NS	NS
MXF	NS	NS	NS	NS	NS	NS	NS	NS	NS	NS	NS	NS
CXMXF	NS	NS	NS	NS	NS	NS	NS	NS	NS	NS	NS	NS
Média geral	**450.91**	**447.82**	**1519.80**	**1527.8**	**2832.35**	**2843.01**	**3968.41**	**3984.45**	**4568.06**	**4573.22**	**4164.81**	**4168.59**

valores de área foliar por planta em todas as fases de crescimento da cultura, durante os dois anos de experimentação.

Efeitos de interação

Todos os efeitos de interação das configurações do terreno, técnicas de estabelecimento e fontes de nutrientes foram considerados não significativos no que diz respeito à área foliar por planta em todas as fases de crescimento da cana-de-açúcar durante ambos os anos.

4.2.3 Acumulação de matéria seca por planta (g):

Os dados referentes ao acúmulo periódico de matéria seca por planta da cana-de-açúcar são apresentados na Tabela 12 e representados na Fig. 8.

Efeito das configurações do terreno

Os dados apresentados no Quadro 12 ilustram que a acumulação de matéria seca por planta da cana-de-açúcar não foi significativamente influenciada pelas diferentes configurações do terreno em todas as fases de crescimento da cultura durante ambos os anos de experimentação. Numericamente, a maior acumulação de matéria seca por planta foi registada no tratamento de cumeeiras e sulcos.

Efeito das técnicas de estabelecimento

A acumulação de matéria seca por planta de cana de açúcar foi significativamente influenciada por diferentes técnicas de estabelecimento em todas as fases de crescimento da cultura, exceto aos 60 e 120 DAP, durante ambos os anos. O acúmulo de matéria seca por planta foi significativamente maior no plantio de mudas de gema única cultivadas no solo + FYM seguido pelo tratamento de plantio de duas mudas de gema no campo, que estavam em pé de igualdade, mas foram significativamente superiores ao plantio de mudas de gema única cultivadas no solo + vermicomposto e plantio de mudas de gema única cultivadas no solo + cocopeat durante ambos os anos. No entanto, o tratamento de plantação de mudas de gomo único cultivadas em solo + cocopeat registou significativamente a menor acumulação de matéria seca por planta em comparação com as restantes técnicas de estabelecimento, durante ambos os anos de investigação.

Tabela 12. Efeito das configurações do terreno, técnicas de estabelecimento e fontes de nutrientes na acumulação de matéria seca da cana-de-açúcar

Tratamento	Acumulação de matéria seca (g/planta)											
Configurações do terreno	60 DAP		120 DAP		180 DAP		240 DAP		300 DAP		Na colheita	
	2014	2015	2014	2015	2014	2015	2014	2015	2014	2015	2014	2015
Ci: R e F	25.78	26.78	105.67	107.67	240.56	248.56	393.00	402.00	548.06	554.06	740.50	749.50
C2 : BBF	24.89	25.42	102.22	104.22	234.11	242.11	386.56	395.56	540.58	546.58	736.14	744.58
Cama plana	23.58	24.58	99.06	102.56	228.39	236.39	380.83	389.83	533.72	539.72	725.06	732.94
S.E.±	0.54	0.79	3.61	1.715	4.604	2.585	4.225	4.716	4.884	4.593	3.835	4.838
C.D. a 5%	NS	NS	NS	NS	NS	NS	NS	NS	NS	NS	NS	NS
Técnicas de estabelecimento												
Mi: In situ	25.52	26.52	105.37	109.37	243.59	251.59	396.59	405.59	550.59	556.59	743.52	752.52
M2 : Solo + FYM.	25.78	26.78	110.15	112.15	259.63	267.63	412.63	421.63	568.41	574.41	765.19	771.96
Mi: Solo + Coco.	23.04	23.41	88.56	90.56	206.07	214.07	356.85	365.85	509.00	515.00	696.93	705.93
M<: Solo+Vermi.	24.67	25.67	105.19	107.19	228.11	236.11	381.11	390.11	535.15	541.15	729.96	738.96
S.E.±	0.729	0.820	6.058	8.891	7.901	8.781	10.882	10.043	8.298	10.651	12.940	12.678
C.D. a 5%	NS	NS	NS	NS	27.341	30.388	37.657	34.754	28.715	36.858	44.778	43.870
Fontes de nutrientes t												
Fi: 100% FTR	25.75	26.75	104.81	106.81	246.03	254.03	399.03	408.03	554.36	560.36	750.14	758.03
F2 : 75% KAB	24.17	25.17	103.67	105.67	232.75	240.75	385.75	394.75	539.75	545.75	734.14	742.58
F3 : 50% KAB	24.33	24.86	98.47	101.97	224.28	232.28	375.61	384.61	528.25	534.25	717.42	726.42
S.E.±	0.676	0.715	4.692	4.510	5.556	5.630	6.494	6.403	7.288	7.268	7.965	7.974
C.D. a 5%	NS	NS	NS	NS	15.798	16.010	18.465	18.208	20.724	20.665	22.648	22.674
Efeito de interação												
CXM	NS	NS	NS	NS	NS	NS	NS	NS	NS	NS	Sig.	Sig.
CXF	NS	NS	NS	NS	NS	NS	NS	NS	NS	NS	NS	NS
MXF	NS	NS	NS	NS	NS	NS	NS	NS	NS	NS	NS	NS
CXMXF	NS	NS	NS	NS	NS	NS	NS	NS	NS	NS	NS	NS
Média geral	**24.75**	**25.59**	**102.31**	**104.81**	**234.35**	**242.35**	**386.8**	**395.82**	**540.79**	**546.83**	**733.90**	**742.34**

Efeito das fontes de nutrientes

Durante ambos os anos de experimentação, a acumulação de matéria seca por planta de cana de açúcar foi significativamente influenciada devido às fontes de nutrientes em todas as fases de crescimento, exceto aos 60 e 120 DAP, durante ambos os anos. A maior acumulação de matéria seca por planta foi registada com a aplicação de 100 % de FTR através de fertilizantes simples, seguida pela aplicação de 75 % de FTR através de briquetes Konkan Annapurna modificados, que estavam ao mesmo nível, mas foram significativamente superiores à aplicação de 50 % de FTR através de briquetes Konkan Annapurna modificados durante ambos os anos. O tratamento 50 % FTR através de briquetes Konkan Annapurna modificados registou a menor acumulação de matéria seca por planta durante ambos os anos de investigação.

Efeitos de interação

Os efeitos de interação entre as configurações do terreno X técnicas de estabelecimento (Quadro 13) foram significativos no que diz respeito à acumulação de matéria seca por planta na colheita durante ambos os anos.

A combinação de tratamentos de camalhões e sulcos, juntamente com a plantação de mudas de rebentos únicos cultivadas no solo + FYM (C1M2) registou uma maior acumulação de matéria seca por planta, seguida de um sulco de leito largo, juntamente com a plantação de mudas de rebentos únicos cultivadas no solo + FYM (C2M2), do que as restantes combinações de tratamentos durante ambos os anos de estudo.

4.3 Caracteres de atribuição de rendimentos

Os dados relativos aos caracteres que atribuem rendimento à cana-de-açúcar, *como o* comprimento da cana, a circunferência da cana, o número de entrenós por cana, o número de canas moídas ha^{-1} , o peso por cana moída, o peso do topo verde por cana, o peso do lixo por cana e a produção total de biomassa por cana são apresentados nos quadros 14 a 18.

Tabela 13. Efeito de interação das configurações do terreno x estabelecimento técnicas de acumulação de matéria seca na colheita da cana-de-açúcar

Tratamento	2014			2015		
	Ci	C2	C3	Ci	C2	C3
Mi	739.33	741.88	749.33	748.33	750.88	758.33
M$_2$	780.11	758.44	757.00	789.11	765.22	761.55
M$_3$	713.33	686.66	690.77	722.33	695.66	699.77
M4	729.22	757.55	703.11	738.22	766.55	712.11
S.E.±	9.57			11.09		
C.D. a 5%	29.50			34.17		

4.3.1 Comprimento da cana (cm)

Os dados relativos ao comprimento da cana influenciado por diferentes tratamentos, durante ambos os anos, são apresentados na Tabela 14 e representados graficamente na Fig. 9. O comprimento médio da cana durante 2014-15 e 2015-16 foi de 223,21 cm e 224,93 cm, respetivamente.

Efeito das configurações do terreno

Vislumbres dos dados apresentados na Tabela 14 denotam que o comprimento da cana de açúcar não foi influenciado significativamente devido a diferentes configurações de terra, durante ambos os anos em estudo. Numericamente, foi registado um maior comprimento de cana com sulcos e sulcos em comparação com o resto dos tratamentos.

Efeito das técnicas de estabelecimento

Os dados apresentados na Tabela 14 ilustraram que, as várias técnicas de estabelecimento influenciaram significativamente o comprimento da cana de açúcar, durante ambos os anos. O plantio de pegamentos de gema única criados no solo + FYM registrou um comprimento de cana mais alto seguido pelo plantio de dois pegamentos de gema no campo e plantio de pegamentos de gema única criados no solo + vermicomposto que estavam no mesmo nível um do outro, mas foram significativamente superiores ao plantio de pegamentos de gema única criados no solo + cocopeat. Significativamente, o comprimento de cana mais baixo foi registado pela plantação de estacas de gema única cultivadas em solo + cocopeat em comparação com todas as outras técnicas de estabelecimento durante ambos os anos de investigação.

Tabela 14. Efeito de configurações de terra, técnicas de estabelecimento e fontes de nutrientes no comprimento da cana, circunferência da cana, número de entrenós e número de canas moíveis ha[1] de cana de açúcar

Carácter	Comprimento da cana (cm)		Perímetro da cana (cm)		Número de entrenós por cana		Número de canas moíveis por hectare (000)	
Tratamento/ano	2014	2015	2014	2015	2014	2015	2014	2015
Configurações do terreno								
Ci: R e F	224.09	225.99	10.78	10.86	21.29	22.01	90.10	92.26
C_2 : BBF	223.66	225.40	10.72	10.73	20.81	21.79	89.41	90.72
C_3 : Cama plana	221.87	223.40	10.61	10.58	20.36	21.25	89.41	89.22
S.E.±	1.485	1.210	0.081	0.096	0.432	0.395	1.973	2.329
C.D. a 5%	NS	NS	NS	NS	NS	NS	NS	NS
Técnicas de estabelecimento								
Mi: In situ	224.79	226.68	10.81	10.86	21.15	22.11	93.39	94.45
M_2 : Solo + FYM.	227.81	230.99	10.95	10.94	22.30	22.91	95.05	96.39
M_3 : Solo + Coco.	215.62	217.12	10.43	10.46	19.26	20.35	79.51	80.72
M<: Solo + Vermi.	224.61	224.93	10.62	10.63	20.57	21.37	90.19	91.39
S.E.±	2.337	2.462	0.094	0.068	0.391	0.426	2.481	2.580
C.D. a 5%	8.085	8.518	0.327	0.234	1.355	1.475	8.585	8.927
Fontes de nutrientes								
Fi: 100 % FTR	226.33	229.21	10.88	10.93	21.56	22.47	95.46	96.63
F_2 : 75 % KAB	223.39	225.22	10.73	10.75	20.89	21.71	88.73	89.95
F_3 : 50 % KAB	219.90	220.36	10.51	10.50	20.02	20.88	84.42	85.63
S.E.±	1.264	1.518	0.063	0.074	0.266	0.265	2.498	2.845
C.D. a 5%	3.596	4.317	0.180	0.211	0.757	0.752	7.102	8.089
Efeito de interação								
CXM	NS	NS	NS	NS	NS	NS	NS	NS
CXF	NS	NS	NS	NS	NS	NS	NS	NS
MXF	NS	NS	NS	NS	NS	NS	SIG	SIG
CXMXF	NS	NS	NS	NS	NS	NS	NS	NS
Média geral	**223.21**	**224.93**	**10.7**	**10.72**	**20.82**	**21.69**	**89.54**	**90.73**

Efeito das fontes de nutrientes

O comprimento da cana de açúcar foi significativamente influenciado por diferentes fontes de nutrientes, durante ambos os anos em estudo. A aplicação de 100 % de FTR através de fertilizantes simples registou um maior comprimento de cana seguido pela aplicação de 75 % de FTR através de briquetes Konkan Annapurna modificados que estavam a par um com o outro, mas foram significativamente superiores à aplicação de 50 % de FTR através de briquetes Konkan Annapurna modificados. O comprimento da cana registado no tratamento 50 % FTR através de briquetes Konkan Annapurna modificados foi significativamente o mais baixo em ambos os anos de investigação.

Efeitos de interação

Os efeitos de interação não se revelaram a um nível significativo no aumento do comprimento da cana por planta de cana-de-açúcar devido aos diferentes tratamentos.

14.3.2 Perímetro da cana (cm)

Os dados relativos à circunferência da cana influenciada por diferentes tratamentos, durante ambos os anos de estudo, são apresentados no Quadro 14 e representados graficamente na Fig. 9. A circunferência média da cana durante 2014-15 e 2015-16 foi de 10,70 cm e 10,72 cm, respetivamente.

Efeito das configurações do terreno

O exame minucioso dos dados apresentados na Tabela 14 revelou que a circunferência da cana (cm) da cana-de-açúcar não foi influenciada significativamente devido às diferentes configurações do terreno durante os dois anos de estudo. Numericamente, foi registada uma maior circunferência nos sulcos do que no resto dos tratamentos.

Efeito das técnicas de estabelecimento

A circunferência da cana foi significativamente influenciada devido às diferentes técnicas de estabelecimento, durante ambos os anos. A circunferência da cana foi significativamente maior com a plantação de pegamentos de gema única cultivados no solo + FYM do que com a plantação de pegamentos de gema única cultivados no solo + cocopeat, mas permaneceu estatisticamente a par com a plantação de dois pegamentos de gema no campo e plantação de pegamentos de gema única cultivados no solo + vermicomposto durante ambos os anos de estudo. A circunferência significativamente mais baixa da cana foi registada pela plantação de mudas de gema única cultivadas no solo + cocopeat durante 2014-15 e 2015-16.

Efeito das fontes de nutrientes

Os dados apresentados na Tabela 14 descrevem que, a circunferência da cana de açúcar foi significativamente influenciada devido a diferentes fontes de nutrientes, durante 2014-15 e 2015-16. A aplicação de 100 % de FTR através de fertilizantes simples registou significativamente a maior circunferência da cana, seguida pela aplicação de 75 % de FTR através de briquetes Konkan

Annapurna modificados, que estavam a par um do outro, mas foram significativamente superiores à aplicação de 50 % de FTR através de briquetes Konkan Annapurna modificados durante ambos os anos de experimentação. No entanto, a aplicação de 50 % de FTR através de briquetes Konkan Annapurna modificados registou significativamente a menor circunferência da cana durante ambos os anos de estudo.

Efeitos de interação

As interacções entre as configurações do terreno, as técnicas de estabelecimento e as fontes de nutrientes não foram significativas no que diz respeito ao perímetro da cana durante os dois anos de estudo.

14.3.3 Número de entrenós por cana

Os dados relativos ao número de entrenós por cana, influenciados por diferentes tratamentos, durante 2014-15 e 2015-16 são apresentados no Quadro 14 e representados graficamente na Fig. 10.

Efeito das configurações do terreno

Os dados apresentados no Quadro 14 insinuam que o número de entrenós por cana não foi significativamente influenciado pelas diferentes configurações do terreno durante os dois anos. Numericamente, foi registado um maior número de entrenós por cana no tratamento de sulcos e camalhões.

Efeito das técnicas de estabelecimento

O número de entrenós por cana foi significativamente influenciado devido a diferentes técnicas de estabelecimento, durante ambos os anos de estudo. A cana-de-açúcar cultivada pelo plantio de mudas de gema única cultivadas em solo + FYM registrou significativamente o maior número de entrenós por cana em relação ao plantio de mudas de gema única cultivadas em solo + vermicomposto e plantio de mudas de gema única cultivadas em solo + cocopeat, mas permaneceu a par com o plantio de duas mudas no campo durante ambos os anos. No entanto, a plantação de dois gomos no campo, a plantação de plântulas de gomo único cultivadas no solo + vermicomposto e a plantação de plântulas de gomo único cultivadas no solo + cocopeat também foram consideradas iguais entre si durante ambos os anos. Os valores mais baixos do número de entrenós por cana foram observados no tratamento de plantação de estacas de gema única cultivadas no solo + cocopeat em relação às restantes técnicas de estabelecimento, durante ambos os anos de estudo.

Efeito das fontes de nutrientes

Os dados apresentados na Tabela 14 denotam que houve um efeito significativo de diferentes fontes de nutrientes no número de entrenós por cana, durante 2014-15 e 2015-16. A aplicação de 100 % de FTR através de fertilizantes simples registou um maior número de entrenós por cana, seguida da aplicação de 75 % de FTR através de briquetes Konkan Annapurna modificados e 50 % de FTR através de briquetes Konkan Annapurna modificados, que estavam ao mesmo nível durante ambos os anos. No entanto, a aplicação de 50 % de FTR através de briquetes Konkan Annapurna modificados registou um número mínimo de entrenós por cana do que as outras fontes de nutrientes durante ambos os anos de investigação.

Efeitos de interação:

O número de entrenós por cana não foi influenciado significativamente devido a efeitos de interação entre configurações do terreno, técnicas de estabelecimento e fontes de nutrientes durante ambos os anos de estudo.

14.3.4 Número de canas moíveis ha'¹

Os dados relativos ao número de canas moíveis ha^{-1} influenciados por diferentes tratamentos, durante 2014-15 e 2015-16, são apresentados no Quadro 14 e representados graficamente na Fig. 10.

Efeito das configurações do terreno

Os dados apresentados na Tabela 14 ilustraram que o número de canas moíveis ha^{-1} de cana de açúcar não foi influenciado significativamente devido a várias configurações de terra durante ambos os anos de experimentação. Um número numericamente mais alto de canas moíveis ha^{-1} foi registrado no tratamento de sulcos e cristas seguido por sulco de leito largo e leito plano nessa ordem decrescente.

Efeito das técnicas de estabelecimento

Durante ambos os anos de estudo, o número de canas moíveis ha'¹ de cana de açúcar foi significativamente influenciado devido a diferentes técnicas de estabelecimento. A cana-de-açúcar cultivada pelo plantio de mudas de gema única cultivadas em solo + FYM registrou um número maior de canas moíveis ha'¹ sobre o resto das técnicas de estabelecimento. Foi seguido pelo plantio de dois brotos no campo e plantio de brotos únicos criados no solo + vermicomposto que estavam a par um com o outro, mas foram significativamente superiores ao plantio de brotos únicos criados no solo + cocopeat. Significativamente, os valores mais baixos do número de canas moídas ha'¹ foram registados pela plantação de estacas de gema única cultivadas em solo + cocopeat do que o resto das técnicas de estabelecimento, durante ambos os anos de experimentação.

Efeito das fontes de nutrientes

Os dados apresentados na Tabela 14 mostram que houve um efeito significativo das diferentes fontes de nutrientes no número de canas moídas ha'¹ , durante os dois anos de experimentação. A aplicação de 100 % de FTR através de fertilizantes simples registou um número mais elevado de canas moíveis ha'¹ do que 50 % de FTR através de briquetes Konkan Annapurna modificados e manteve-se a par com a aplicação de 75 % de FTR através de briquetes Konkan Annapurna modificados durante ambos os anos de investigação. A aplicação de 50 % de FTR através de briquetes Konkan Annapurna modificados registou um número mínimo de canas moíveis ha'[1] em relação a outras fontes de nutrientes durante ambos os anos de estudo.

Efeitos de interação

O número de canas moídas ha'[1] foi significativamente influenciado devido a interacções entre técnicas de estabelecimento X fontes de nutrientes durante 201415 e 2015'16.

Quadro 15. Efeito de interação de técnicas de estabelecimento x fontes de nutrientes no número de canas moíveis ha'[1] (000) de cana de açúcar

Tratamento	2014			2015		
	F1	F2	F3	F1	F2	F3
Mi	92.86	99.40	87.89	94.06	100.17	89.09
M2	100.45	100.58	84.09	101.54	102.31	85.29
M3	95.57	67.93	75.03	96.77	69.13	76.24
M4	92.92	86.97	90.66	94.12	88.17	91.86
S.E.±	4.99			5.68		
C.D. a 5%	14.20			16.17		

Os vislumbres dos dados apresentados na Tabela 15 implicam que o número de canas cultiváveis ha'[1] foi significativamente influenciado pelas diferentes técnicas de estabelecimento e fontes de nutrientes, durante ambos os anos. O plantio de mudas de gema única cultivadas em solo + FYM junto com a aplicação de 75 % de RDF através de briquetes Konkan Annapurna modificados, seguido pelo plantio de mudas de gema única cultivadas em solo + FYM junto com 100 % de RDF através de fertilizantes simples, registrou um número significativamente maior de canas moíveis ha'[1] sobre o resto das combinações de tratamento durante ambos os anos de experimentação.

4.3.5 Peso por cana moível (kg)

Os dados relativos ao peso por cana moída influenciado por diferentes tratamentos, durante os anos 2014'15, 2015'16 e nos dados agrupados são apresentados na Tabela 16 e representados graficamente na Fig. 11.

Efeito da configuração dos terrenos

Os dados apresentados no Quadro 16 insinuam que não houve diferença significativa no peso por cana moída devido às diferentes configurações do terreno durante os dois anos e nos dados agrupados.

Efeito das técnicas de estabelecimento

Em relação às técnicas de estabelecimento, o plantio de mudas de gema única cultivadas em solo + FYM registrou mais peso por cana moída de cana de açúcar, seguido pelo plantio de duas mudas de gema no campo e plantio de mudas de gema única cultivadas em solo + vermicomposto, que estavam em pé de igualdade, mas foram significativamente superiores ao plantio de mudas de gema única cultivadas em solo + cocopeat durante ambos os anos de experimentação e nos dados combinados. **Efeito das fontes de nutrientes**

A leitura dos dados apresentados na Tabela 16 indicou que, o peso por cana moída foi significativamente influenciado devido a diferentes fontes de nutrientes, durante ambos os anos de investigação e nos dados agrupados. A cana-de-açúcar cultivada aplicando 100 % de FTR através de fertilizantes simples registou um peso significativamente maior por cana moída do que a aplicação de 50 % de FTR através de fertilizantes modificados.

Tabela 16. Efeito das configurações do terreno, técnicas de estabelecimento e fontes de nutrientes no peso por cana moída, peso do topo verde por cana, peso do lixo por cana e produção total de biomassa por cana

Carácter/tratamentos	Peso por cana moída (kg)			Peso do topo verde por cana (gm)			Peso do lixo por cana (gm)			Produção total de biomassa por cana (kg)		
	2014	2015	Agrupado	2014	2015	Agrupado	2014	2015	Agrupado	2014	2015	Agrupado
Configurações do terreno												
Ci: R e F	1.33	1.39	1.36	165.79	167.42	166.61	93.53	94.63	94.08	1.59	1.64	1.62
C₂ : BBF	1.26	1.32	1.29	163.13	165.83	164.48	93.16	93.00	93.08	1.57	1.64	1.60
Cama plana	1.22	1.28	1.25	157.74	157.11	157.43	91.98	92.67	92.32	1.48	1.53	1.51
S.E.±	0.043	0.031	0.027	4.248	4.484	3.09	2.380	2.052	1.57	0.054	0.034	0.03
C.D. a 5%	NS	NS	NS	NS	NS	NS	NS	NS	NS	NS	NS	NS
Técnicas de estabelecimento												
Mi: In situ	1.30	1.36	1.33	165.90	166.47	166.18	95.07	95.54	95.30	1.59	1.65	1.62
M₂ : Solo+FYM.	1.34	1.40	1.37	167.05	170.21	168.63	94.69	95.16	94.92	1.64	1.69	1.67
Mi: Solo+Coco.	1.15	1.22	1.19	151.41	152.40	151.90	90.42	91.18	90.80	1.42	1.47	1.44
MiiSoil+Vermi.	1.29	1.34	1.32	164.53	164.73	164.63	91.39	91.86	91.62	1.55	1.60	1.57
S.E.±	0.024	0.033	0.020	2.957	3.483	2.28	2.463	2.708	1.83	0.040	0.029	0.025
C.D. a 5%	0.084	0.113	0.062	10.232	12.054	7.03	NS	NS	5.63	0.139	0.100	0.076
Fontes de nutrientes												
Fi: 100% FTR	1.34	1.40	1.37	166.84	167.03	166.93	94.63	95.10	94.86	1.60	1.66	1.63
F₂ : 75% KAB	1.29	1.36	1.32	164.04	166.23	165.14	94.15	94.84	94.50	1.58	1.64	1.61
F₃ : 50% KAB	1.19	1.24	1.22	155.79	157.10	156.44	89.89	90.36	90.13	1.46	1.51	1.48
S.E.±	0.024	0.027	0.017	2.491	2.416	1.59	1.200	1.124	0.74	0.030	0.028	0.019
C.D. a 5%	0.067	0.077	0.047	7.082	6.870	4.47	3.411	3.195	2.07	0.086	0.080	0.052
Efeito de interação												
CXM	NS	NS	NS	NS	NS	NS	NS	NS	NS	NS	NS	NS
CXF	NS	NS	NS	NS	NS	NS	NS	NS	NS	NS	NS	NS
MXF	NS	NS	NS	NS	NS	NS	NS	NS	NS	SIG	SIG	SIG
CXMXF	NS	NS	NS	NS	NS	NS	NS	NS	NS	SIG	SIG	SIG
Média geral	**1.27**	**1.33**	**1.30**	**162.22**	**163.45**	**162.83**	**92.89**	**93.43**	**93.16**	**1.55**	**1.66**	**1.60**

Konkan Annapurna briquetes mas, foi encontrado para ser a par com 75 % RDF através de Konkan Annapurna briquetes modificados durante ambos os anos de experimentação e nos dados agrupados. No entanto, a aplicação de 50 % de FTR através de briquetes Konkan Annapurna modificados registou o peso mais baixo por cana moída do que o resto das fontes de nutrientes durante ambos os anos e nos dados agrupados.

Efeitos de interação

O peso por cana moída não foi influenciado significativamente devido aos efeitos de interação durante os anos 2014-15, 2015-16 e nos dados agrupados.

16.3.6 Peso do topo verde por cana (g)

Os dados relativos ao peso do topo verde por cana, influenciado pelos vários tratamentos, durante os anos 2014-15, 2015-16 e nos dados agrupados são apresentados no Quadro 16 e representados graficamente na Fig. 11.

Efeito das configurações do terreno

Os dados fornecidos na Tabela 16 revelaram que o peso do topo verde por cana não foi influenciado significativamente devido às diferentes configurações do terreno, durante ambos os anos e nos dados agrupados. Numericamente mais peso verde por cana foi registado em cumes e sulcos.

Efeito das técnicas de estabelecimento

Durante ambos os anos de experimentação e nos dados agrupados, o peso do topo verde por cana foi significativamente influenciado devido a diferentes técnicas de estabelecimento. O plantio de mudas de gema única cultivadas em solo + FYM registrou mais peso verde por cana, seguido pelo plantio de duas mudas de gema no campo e plantio de mudas de gema única cultivadas em solo + vermicomposto, que estavam no mesmo nível um do outro, mas foram significativamente superiores ao plantio de mudas de gema única cultivadas em solo + cocopeat. No entanto, o tratamento de plantação de mudas de gema única cultivadas em solo + cocopeat registou significativamente o peso verde superior mais baixo por cana em comparação com os restantes tratamentos durante ambos os anos e nos dados agrupados.

Efeito das fontes de nutrientes

A leitura dos dados apresentados na Tabela 16 descreveu que, o peso do topo verde por cana de açúcar foi significativamente influenciado devido às fontes de nutrientes durante ambos os anos e nos dados agrupados. A aplicação de 100 % de FTR através de fertilizantes simples registou significativamente mais peso verde por cana do que 50 % de FTR através de briquetes Konkan Annapurna modificados, mas foi igual a 75 % de FTR através de briquetes Konkan Annapurna modificados durante ambos os anos de experimentação e nos dados agrupados. No entanto, a aplicação de 50 % de FTR através de briquetes Konkan Annapurna modificados registou o menor peso verde por cana em ambos os anos e nos dados agrupados.

Efeitos de interação

Não houve efeito significativo das interacções entre os vários tratamentos no peso do topo verde por cana durante os anos 2014-15, 2015-16 e nos dados agrupados.

16.3.7 Peso do lixo por cana (g)

Os dados relativos ao peso do lixo por cana, influenciado por diferentes tratamentos, durante os anos 2014-15, 2015-16 e nos dados agrupados são apresentados no Quadro 16 e representados graficamente na Fig.11.

Efeito das configurações do terreno

Os dados apresentados na Tabela 16 insinuam que o peso da palha por cana não foi significativamente influenciado pelas diferentes configurações do terreno, durante os dois anos de investigação e nos dados agrupados. Numericamente, foi registado um maior peso de resíduos por cana no tratamento de cumes e sulcos.

Efeito das técnicas de estabelecimento

Durante ambos os anos de experimentação, o peso da palha por cana não influenciou significativamente devido a diferentes técnicas de estabelecimento durante ambos os anos e nos dados agrupados. Numericamente, foi registado um maior peso de lixo por cana com a plantação de dois gomos no campo.

Efeito das fontes de nutrientes

A leitura dos dados apresentados na Tabela 16 implica que, o peso da palha por cana não foi significativamente influenciado pelas fontes de nutrientes, durante os anos 2014-15, 2015-16 e nos dados agrupados. Numericamente, mais peso de lixo por cana foi registado pela aplicação de 100 % RDF através de fertilizantes simples.

Efeitos de interação

O peso do lixo por cana não foi significativamente influenciado devido aos efeitos de interação durante os anos 2014-15, 2015-16 e nos dados agrupados. **4.3.8 Produção total de biomassa por cana (kg)**

Os dados relativos à produção total de biomassa por cana, influenciada por vários tratamentos, durante ambos os anos, são apresentados na Tabela 16 e representados graficamente na Fig. 11. A produção total de biomassa por cana durante os anos 2014-15, 2015-16 e nos dados agrupados foi de 1,55 kg, 1,66 kg e 1,60 kg, respetivamente.

Efeito das configurações do terreno

Os dados apresentados no Quadro 16 insinuam que a produção total de biomassa por cana não foi significativamente influenciada pelas diferentes configurações do terreno, tanto durante os anos de investigação como nos dados agrupados. A produção total de biomassa por cana foi numericamente mais elevada nos tratamentos em camalhões e sulcos, tanto nos anos de investigação como nos dados agrupados.

Efeito das técnicas de estabelecimento

Os dados apresentados na Tabela 16 ilustraram que a produção total de biomassa por cana foi significativamente influenciada por diferentes técnicas de estabelecimento durante os anos 2014-15, 2015-16 e nos dados agrupados. O plantio de mudas de gema única cultivadas em solo + FYM registrou maior produção de biomassa total por cana, seguido pelo plantio de duas mudas de gema no campo e plantio de mudas de gema única cultivadas em solo + vermicomposto, que estavam em pé de igualdade entre si, mas foram significativamente superiores ao plantio de mudas de gema única cultivadas em solo + cocopeat, durante ambos os anos de experimentação e nos dados agrupados.

Efeito das fontes de nutrientes

Os dados apresentados no quadro 16 indicam que a aplicação de 100 % de CDR através de fertilizantes simples registou uma produção total de biomassa por cana significativamente mais elevada do que a aplicação de 50 % de CDR através de briquetes Konkan Annapurna modificados, mas foi igual à aplicação de 75 % de CDR através de briquetes Konkan Annapurna modificados briquetes. No entanto, a aplicação de 50 % de FTR através de briquetes Konkan Annapurna modificados registou a produção total de biomassa mais baixa por cana em relação às restantes fontes de nutrientes, durante os dois anos de experimentação e nos dados agrupados.

Efeitos de interação

Verificou-se uma influência significativa das interacções na produção total de biomassa por cana em ambos os anos e nos dados agrupados. As interacções entre configurações do terreno X fontes de nutrientes e técnicas de estabelecimento X fontes de nutrientes foram consideradas significativas no que diz respeito à produção total de biomassa por cana durante os anos 2014-15, 2015-16 e nos dados agrupados. Os dados são apresentados nos quadros 17 e 18, respetivamente.

Os dados apresentados na Tabela 17 indicaram que houve diferença significativa na produção total de biomassa por cana devido a diferentes técnicas de estabelecimento X fontes de nutrientes durante ambos os anos e nos dados agrupados. Cumes e sulcos juntamente com a aplicação de 100 % de FTR através de fertilizantes simples registaram significativamente a maior produção total de biomassa por cana em relação a todas as outras combinações de tratamento, exceto a combinação de tratamento de cumes e sulcos juntamente com a aplicação de 75 % de FTR através de briquetes Konkan Annapurna modificados, durante ambos os anos e nos dados agrupados. A combinação de tratamento sulcos e camalhões, juntamente com a aplicação de 50 % de FTR através de briquetes Konkan Annapurna modificados, registou a produção total de biomassa mais baixa por cana do que as restantes combinações de tratamento, durante ambos os anos de investigação e nos dados agrupados.

Tabela 17. Efeito de interação de técnicas de estabelecimento x fontes de nutrientes na produção total de biomassa de cana ner (kel de cana

Tratamento	2014			2015			Agrupado		
	F1	F2	F3	F1	F2	F3	F1	F2	F3
Mi	1.64	1.58	1.54	1.71	1.67	1.59	1.68	1.62	1.56
M2	1.82	1.65	1.46	1.87	1.70	1.51	1.84	1.68	1.48
M3	1.31	1.60	1.34	1.36	1.66	1.39	1.34	1.63	1.36
M4	1.64	1.50	1.50	1.69	1.55	1.56	1.67	1.52	1.53
S.E.±	0.06			0.05			0.04		
C.D. a 5%	0.17			0.16			0.12		

Tabela 18. Efeito de interação das configurações de terras x fontes de nutrientes na produção de biomassa total por cana (kg) de cana-de-açúcar

Tratamento	2014			2015			Agrupado		
	Cl	C2	C3	Cl	C2	C3	Cl	C2	C3
Fl	1.83	1.42	1.57	1.88	1.48	1.62	1.85	1.45	1.60
F2	1.66	1.55	1.54	1.71	1.63	1.59	1.68	1.59	1.57
F3	1.30	1.75	1.33	1.35	1.80	1.38	1.33	1.77	1.35
S.E.±	0.05			0.04			0.03		
C.D. a 5%	0.14			0.13			0.10		

Os dados apresentados na Tabela 18 revelaram que, a produção total de biomassa por cana foi significativamente influenciada devido a diferentes configurações de terra X fontes de nutrientes durante ambos os anos de estudo. A produção de biomassa total significativamente maior por cana foi registada pela plantação de mudas de gema única criadas em solo + FYM juntamente com a aplicação de 100 % RDF através de fertilizantes simples sobre o resto das combinações de tratamento, durante 2014-15, 2015-16 e nos dados agrupados. No entanto, a produção total de biomassa por cana observada sob a combinação de tratamento plantio de mudas de gema única cultivadas em solo + cocopeat juntamente com a aplicação de 100 % de RDF através de fertilizantes simples foi menor em comparação com o resto das combinações, durante ambos os anos e nos dados agrupados.

4.4 Estudos de rendimento

Os dados relativos aos estudos de rendimento *viz.,* rendimento de cana moível (t ha^{-1}), peso de topo verde (t ha^{-1}), rendimento de lixo (t ha^{-1}) e rendimento biológico (t ha^{-1}) de cana de açúcar na colheita durante ambos os anos e nos dados agrupados são apresentados na Tabela 19.

4.4.1 Rendimento da cana-de-açúcar moída (t ha $)^{-1}$

Os dados relativos ao rendimento da cana moída (t ha^{-1}) influenciado pelos diferentes tratamentos, durante os anos 2014-15, 2015-16 e na análise conjunta são apresentados no Quadro 19 e representados graficamente na Fig. 12.

Efeito da configuração dos terrenos

O rendimento de cana moível da cana de açúcar não foi significativamente influenciado com diferentes configurações de terra durante ambos os anos e na análise conjunta. A produção de cana moída numericamente mais alta foi registada pelo tratamento de cumeeiras e sulcos durante ambos os anos e na análise conjunta.

Efeito das técnicas de estabelecimento

A leitura dos dados apresentados na Tabela 19 revelou que, as várias técnicas de estabelecimento influenciaram significativamente o rendimento de cana moível da cana de açúcar durante os anos 2014-15, 2015-16 e na análise conjunta. O plantio de mudas de gema única cultivadas em solo + FYM registrou maior rendimento de cana moível sobre o resto das técnicas de estabelecimento seguido pelo plantio de duas mudas de gema no campo e plantio de mudas de gema única cultivadas em solo + vermicomposto que estavam a par um com o outro, mas encontrado significativamente superior ao plantio de mudas de gema única cultivadas em solo + cocopeat durante ambos os anos e em dados agrupados em relação ao rendimento de cana moível.

No entanto, na análise conjunta, o aumento na produção de cana moída sobre M3 devido às técnicas de estabelecimento M2, Ml e M4 foi de 24,51, 18,83 e 16,16 por cento, respetivamente. O rendimento mais baixo de cana moída foi registado sob o tratamento de plantação de mudas de gema única cultivadas em solo + cocopeat em comparação com o resto das técnicas de estabelecimento, durante ambos os anos e em dados agrupados.

Efeito das fontes de nutrientes

As fontes de nutrientes influenciaram significativamente o rendimento da cana-de-açúcar em ambos os anos e na análise conjunta. A aplicação de 100 % de FTR através de fertilizantes simples registou um rendimento de cana moível significativamente mais elevado do que 50 % de FTR através de briquetes Konkan Annapurna modificados, mas foi igual à aplicação de 75 % de FTR através de briquetes Konkan Annapurna modificados durante ambos os anos e em dados agrupados. Além disso, a aplicação de 50 % de FTR através de briquetes Konkan Annapurna modificados registou significativamente o rendimento de cana moível mais baixo do que outras fontes de nutrientes durante ambos os anos e na análise conjunta.

No entanto, na análise conjunta, o aumento na produção de cana moída sobre F3 devido às fontes de nutrientes F1 e F2 foi de 12,31 e 7,00 por cento, respetivamente.

Tabela 19. Efeito das configurações do terreno, técnicas de estabelecimento e fontes de nutrientes na produção de cana moída, peso da parte superior verde, produção de lixo e rendimento biológico da cana de açúcar na colheita

Tratamentos	Rendimento de cana-de-açúcar moída (t ha)[1]			Peso da copa verde (t ha)[1]			Produção de lixo (t ha)[1]			Rendimento biológico (t ha)[1]		
	2014	2015	Agrupado	2014	2015	Agrupado	2014	2015	Agrupado	2014	2015	Agrupado
Configurações do terreno												
Ci: R e F	116.77	118.11	117.44	14.71	15.08	14.89	8.46	9.47	8.96	139.94	142.66	141.30
C_2 : BBF	112.57	113.87	113.22	14.04	14.12	14.08	8.09	9.16	8.63	134.97	137.15	136.06
C_3 : Cama plana	110.36	112.13	111.25	13.68	14.27	13.97	8.09	9.09	8.59	132.13	135.49	133.81
S.E.±	3.794	4.567	2.68	0.502	0.511	0.35	0.263	0.287	0.19	4.283	5.944	2.88
C.D. a 5%	NS	NS	NS	NS	NS	NS	NS	NS	NS	NS	NS	NS
Técnicas de estabelecimento												
Mi: In situ	117.26	119.18	118.22	14.45	15.09	14.77	8.53	9.54	9.03	140.25	143.80	142.03
M_2 : Solo+FYM.	122.15	123.09	122.62	15.37	15.62	15.50	8.88	9.97	9.43	146.78	148.69	147.73
M_3 : Solo+Coco.	98.71	100.25	99.48	12.59	12.84	12.71	7.04	8.05	7.55	118.34	121.13	119.74
M<: Solo+Vermi.	114.81	116.31	115.56	14.15	14.40	14.28	8.39	9.40	8.89	137.35	140.11	138.73
S.E.±	4.601	4.152	2.72	0.372	0.522	0.32	0.354	0.362	0.25	5.343	5.478	3.10
C.D. a 5%	15.922	14.367	8.39	1.288	1.807	0.98	1.227	1.253	0.78	18.49	18.96	9.57
Fontes de nutrientes												
Fi: 100% FTR	119.37	121.15	120.26	15.65	15.90	15.77	8.55	9.61	9.08	143.57	146.67	145.12
F_2 : 75% KAB	114.00	115.14	114.57	14.46	15.00	14.73	8.42	9.43	8.93	137.16	139.57	138.37
F_3 : 50% KAB	106.32	107.82	107.07	12.31	12.56	12.44	7.67	8.68	8.17	126.30	129.06	127.68
S.E.±	2.027	2.181	1.33	0.411	0.363	0.52	0.165	0.189	0.11	2.297	2.535	1.47
C.D. a 5%	5.765	6.203	3.74	1.27	1.03	0.70	0.47	0.54	0.31	6.53	7.21	4.14
Efeito de interação												
CXM	NS	NS	NS	NS	NS	NS	NS	NS	NS	NS	NS	NS
CXF	SIG	SIG	SIG	NS	NS	NS	NS	NS	NS	NS	NS	NS
MXF	NS	NS	NS	NS	NS	NS	NS	NS	NS	NS	NS	NS
CXMXF	NS	NS	NS	NS	NS	NS	NS	NS	NS	NS	NS	NS
Média geral	112.94	114.52	113.73	14.14	14.49	14.31	8.21	9.24	8.72	135.29	138.25	136.77

Efeitos de interação

A produtividade de cana moída da cana de açúcar foi significativamente influenciada por efeitos de interação entre configurações de terra X fontes de nutrientes durante ambos os anos e na análise conjunta. Os dados referentes às interações da produtividade de cana moída são apresentados na Tabela 20.

A combinação de tratamento de camalhões e sulcos, juntamente com a aplicação de 100 % de FTR através de fertilizantes simples, registou significativamente o maior rendimento de cana moída em relação a todas as outras combinações de tratamento, mas verificou-se que era estatisticamente igual à combinação de tratamento de camalhões e sulcos, juntamente com a aplicação de 75 % de FTR através de briquetes Konkan Annapurna modificados, durante ambos os anos e nos dados agrupados. O rendimento mais baixo de cana moída foi registado na combinação de tratamentos de sulcos e canteiros, juntamente com a aplicação de 50 % de FTR através de briquetes Konkan Annapurna modificados, durante ambos os anos e nos dados agrupados.

Table 20. Efeito de interação das configurações do terreno x fontes de nutrientes na produção de cana moída (t ha'[1]) de cana-de-açúcar

Tratamento	2014			2015			Agrupado		
	C1	C2	C3	C1	C2	C3	C1	C2	C3
F1	125.60	113.84	118.75	127.86	115.35	120.25	126.73	114.59	119.50
F2	119.78	111.69	107.78	121.29	113.19	109.28	120.54	112.44	108.53
F3	103.60	110.74	104.53	105.18	112.24	106.03	104.43	111.49	105.28
S.E.±	3.56			3.70			2.57		
C.D. em 5%	10.14			10.52			7.33		

20.4.2 Peso da copa verde (t ha')[1]

Os dados relativos ao peso do topo verde (t ha'[1]) influenciado pelos diferentes tratamentos, durante os anos 2014'15, 2015'16 e nos dados agrupados são apresentados no Quadro 19 e representados graficamente na Fig. 12.

Efeito das configurações do terreno

O peso verde superior da cana-de-açúcar não foi significativamente influenciado por várias configurações de terra durante ambos os anos e na análise conjunta.

O peso verde superior foi numericamente mais elevado nos sulcos e nas cristas dos tratamentos.

Efeito das técnicas de estabelecimento

A leitura dos dados apresentados no quadro 19 revelou que a plantação de pegamentos de gema única cultivados em solo + FYM registou o maior peso verde superior, seguido pela plantação de dois pegamentos de gema no campo e plantação de pegamentos de gema única cultivados em solo + vermicomposto, que estavam ao mesmo nível um do outro, mas foram significativamente superiores à plantação de pegamentos de gema única cultivados em solo + cocopeat durante ambos os anos e na análise conjunta.

Além disso, o aumento significativo do peso do topo verde em relação a M3 devido às técnicas de estabelecimento M2, Mi e M4 foi da ordem de 21,95, 16,20 e 12,35 por cento, respetivamente, na análise conjunta.

Efeito das fontes de nutrientes

As fontes de nutrientes influenciaram significativamente o peso do topo verde durante ambos os anos e na análise conjunta. A aplicação de 100 % de FTR através de fertilizantes simples registou um peso verde superior ao de 50 % de FTR através de briquetes Konkan Annapurna modificados, mas foi igual à aplicação de 75 % de FTR através de briquetes Konkan Annapurna modificados durante ambos os anos e na análise conjunta. A aplicação de 50 % de FTR através de briquetes Konkan Annapurna modificados registou o peso superior verde mais baixo em ambos os anos e na análise conjunta.

Além disso, na análise conjunta, o aumento significativo do peso do topo verde em relação à F3 devido às fontes de nutrientes Fi e F2 foi da ordem de 26,76 e 18,40 por cento, respetivamente.

Efeitos de interação:

O peso do topo verde não foi significativamente influenciado devido aos efeitos de interação em ambos os anos e nos dados agrupados.

20.4.3 Produção de lixo (t ha')[1]

Os dados relativos ao rendimento do lixo (t ha'[1]) influenciado por vários tratamentos, durante os anos 2014'15, 2015'16 e em dados agrupados são apresentados no Quadro 19 e representados graficamente na Fig. 12.

Efeito da configuração dos terrenos

A produção de lixo não foi significativamente influenciada pelas várias configurações do terreno durante os dois anos e na análise conjunta. No entanto, foi registada uma produção numericamente mais elevada de resíduos nos sulcos e cumeeiras tratados, tanto durante os dois anos como na análise conjunta.

Efeito das técnicas de estabelecimento

Os dados apresentados na Tabela 19 revelaram que houve uma diferença significativa entre as técnicas de estabelecimento no que diz respeito à produção de lixo durante ambos os anos e nos dados agrupados. A produção de lixo foi registada significativamente mais pela plantação de mudas de gema única cultivadas no solo + FYM, seguida pela plantação de duas mudas de gema no campo e plantação de mudas de gema única cultivadas no solo + vermicomposto, que estavam ao mesmo nível entre si, mas foram consideradas significativamente superiores à plantação de mudas de gema única cultivadas no solo + cocopeat durante ambos os anos e em dados agrupados.

A menor produção de lixo por hectare foi registada no tratamento de plantio de mudas de rebento único cultivadas em solo + cocopeat em relação ao resto dos tratamentos durante ambos os anos e nos dados agrupados. O aumento da produção de lixo em relação a M3 devido às técnicas de estabelecimento M2, Mi e M4 foi de 24,90, 19,60 e 17,74 por cento, respetivamente, na análise conjunta.

Efeito das fontes de nutrientes

A aplicação de 100 % de FTR através de fertilizantes simples registou significativamente o maior rendimento de resíduos, seguido de 75 % de FTR através de briquetes Konkan Annapurna modificados, que estavam a par um do outro, mas foram considerados significativamente superiores à aplicação de 50 % de FTR através de briquetes Konkan Annapurna modificados durante ambos os anos e nos dados agrupados.

No entanto, na análise conjunta, o aumento significativo na produção de lixo sobre F3 devido a fontes de nutrientes Fi e F2 foi de 11,13 e 9,30 por cento, respetivamente. Os valores mais baixos de produção de resíduos de cana de açúcar foram registados sob o tratamento de aplicação de 50 % de CDR através de briquetes Konkan Annapurna modificados durante ambos os anos e na análise conjunta.

Efeitos de interação

Os efeitos de interação foram considerados não significativos no que diz respeito ao rendimento da cana-de-açúcar em ambos os anos e na análise conjunta.

20.4.4 Rendimento biológico (t ha')[1]

Os dados relativos ao rendimento biológico (t ha'[1]) influenciado por vários tratamentos, durante os anos 2014'15, 2015'16 e em dados agrupados são apresentados no Quadro 19 e representados graficamente na Fig. 12.

Efeito das configurações do terreno

O rendimento biológico não foi significativamente influenciado pelas várias configurações do terreno durante ambos os anos e na análise conjunta. O rendimento biológico numericamente mais elevado foi registado no tratamento de sulcos e camalhões.

Efeito das técnicas de estabelecimento

Os dados apresentados no Quadro 19 revelaram que houve uma diferença significativa entre as técnicas de estabelecimento durante ambos os anos e nos dados agrupados. O rendimento biológico foi registrado significativamente mais pelo plantio de mudas de gema única cultivadas no solo + FYM seguido pelo plantio de duas mudas de gema no campo e plantio de mudas de gema única cultivadas no solo + vermicomposto que estavam no mesmo nível um do outro, mas foram significativamente superiores ao plantio de mudas de gema única cultivadas no solo + cocopeat durante ambos os anos e nos dados agrupados. O rendimento biológico mais baixo por hectare de cana-de-açúcar foi registado no tratamento de plantação de mudas de gema única cultivadas no solo + cocopeat do que nos restantes tratamentos, durante ambos os anos e nos dados agrupados.

O aumento do rendimento biológico em relação a M3 devido ao estabelecimento das técnicas M2, M1 e M4 foi da ordem de 23,37, 18,61 e 15,85 por cento, respetivamente, na análise conjunta.

Efeito das fontes de nutrientes

Houve uma diferença significativa devido às fontes de nutrientes em relação ao rendimento biológico durante ambos os anos e nos dados agrupados. A aplicação de 100 % de FTR através de fertilizantes simples registou significativamente o rendimento biológico mais elevado, seguido de 75 % de FTR através de briquetes Konkan Annapurna modificados, que estavam ao mesmo nível, mas foram significativamente superiores a

aplicação de 50 % de FTR através de briquetes Konkan Annapurna modificados durante ambos os anos e nos dados agrupados.

No entanto, na análise combinada, o aumento significativo no rendimento biológico sobre F3 devido às fontes de nutrientes Fi e F2 foi encontrado na ordem de 13,65 e 8,37 por cento, respetivamente. Os valores mais baixos do rendimento biológico da cana-de-açúcar foram registados no tratamento de aplicação de 50 % de FTR através de briquetes Konkan Annapurna modificados durante ambos os anos e na análise conjunta.

Efeitos de interação

O rendimento biológico foi significativamente influenciado pela combinação de configurações do terreno X fontes de nutrientes (Quadro 21) durante ambos os anos e nos dados agrupados. Os camalhões e os sulcos, juntamente com a aplicação de 100 % de FTR através de fertilizantes simples, registaram significativamente o rendimento biológico mais elevado, seguido da combinação de tratamentos de camalhões e sulcos, juntamente com a aplicação de 75 % de FTR através de briquetes Konkan Annapurna modificados, que estão ao mesmo nível, mas são significativamente superiores a todas as outras combinações de tratamentos, durante ambos os anos e nos dados agrupados. A combinação de tratamento de camalhões e sulcos, juntamente com a aplicação de 50 % de FTR através de briquetes Konkan Annapurna modificados, registou o rendimento biológico mais baixo do que as restantes combinações de tratamento durante ambos os anos de investigação e nos dados agrupados.

Table 21. Efeito da interação configurações do terreno x fontes de nutrientes no rendimento biológico (t ha'1) da cana-de-açúcar

Tratamento	2014			2015			Agrupado		
	Cl	C2	C3	Cl	C2	C3	Cl	C2	C3
Fl	150.	137.	143.	153.	140.	145.	152.	138.	144.

F2	144.	133.	129.	147.	136.	133.	145.	134.	131.
F3	123.	131.	123.	126.	134.	126.	125.	132.	124.
S.E.±	3.91			4.09			2.96		
C.D. em	11.13			11.65			8.42		

4.5 Estudos de parâmetros de qualidade

A percentagem de Brix no sumo, a percentagem de sacarose no sumo, a percentagem de pureza, a percentagem de açúcar de cana comercial no sumo e o açúcar de cana comercial (t ha^{-1}) foram considerados como parâmetros de qualidade. Os dados relativos a estes parâmetros são apresentados na Tabela 22.

4.5.1 Percentagem Brix no sumo (%)

Os dados relativos à percentagem brix no sumo de cana-de-açúcar, influenciados por diferentes tratamentos, durante o ano de 2014-15 e 2015-16 são apresentados na Tabela 22 e representados graficamente na Fig. 13.

Efeito da configuração das terras:

Os vislumbres dos dados apresentados na Tabela 22 revelaram que, não houve efeito significativo de diferentes configurações de terra na porcentagem de brix da cana de açúcar, durante ambos os anos de experimentação. A percentagem brix numericamente mais elevada foi registada no tratamento com o método de sulco de leito largo do que nos restantes tratamentos durante ambos os anos de estudo.

Efeito das técnicas de estabelecimento

O exame minucioso dos dados apresentados na Tabela 22 insinua que várias técnicas de estabelecimento não influenciaram significativamente a porcentagem brix da cana de açúcar, durante ambos os anos. A porcentagem de brix numericamente mais alta foi registrada pelo plantio de mudas cultivadas em solo + meio FYM na proporção de 1:1.

Efeito das fontes de nutrientes

A percentagem Brix da cana de açúcar não foi significativamente influenciada pelas fontes de nutrientes durante ambos os anos do estudo. Numericamente, a aplicação de 100 % de FTR através de fertilizantes simples registou uma percentagem de brix mais elevada.

Efeitos de interação

A percentagem Brix da cana-de-açúcar não foi significativamente influenciada devido aos efeitos de interação durante os anos 2014-15 e 2015-16.

Tabela 22. Efeito das configurações do terreno, das técnicas de estabelecimento e das fontes de nutrientes nos parâmetros de qualidade

Tratamento	Percentagem Brix no sumo		Percentagem de sacarose no sumo		Percentagem de pureza no sumo		Percentagem de açúcar de cana comercial no sumo		Açúcar de cana comercial (t ha)[1]		
	2014	2015	2014	2015	2014	2015	2014	2015	2014	2015	Agrupado
Configurações do terreno											
Ci: R e F	21.96	22.12	20.21	20.20	92.16	91.65	12.52	12.63	14.51	14.88	14.70
C_2 : BBF	22.20	22.36	19.94	19.97	90.04	89.47	12.46	12.43	13.99	14.15	14.07
Cama plana	22.06	22.22	19.87	19.83	90.28	89.44	12.41	12.42	13.70	13.91	13.81
S.E.±	0.125	0.161	0.147	0.130	0.926	0.804	0.049	0.054	0.40	0.46	0.41
C.D. a 5%	NS	NS	NS	NS	NS	NS	NS	NS	NS	NS	NS
Técnicas de estabelecimento											
Mi: In situ	22.20	22.36	20.18	20.16	91.04	90.41	12.45	12.60	14.52	14.93	14.72
M_2 : Solo+FYM.	22.26	22.42	20.30	20.27	91.30	90.73	12.50	12.61	15.19	15.52	15.36
Mi: Solo+Coco.	21.80	21.96	19.70	19.73	90.58	90.02	12.46	12.32	12.30	12.36	12.33
M<: Solo+Vermi.	22.03	22.18	19.86	19.84	90.39	89.58	12.43	12.43	14.26	14.45	14.36
S.E.±	0.251	0.244	0.206	0.173	0.738	1.558	0.083	0.108	0.503	0.412	0.32
C.D. a 5%	NS	NS	NS	NS	NS	NS	NS	NS	1.74	1.43	0.99
Fontes de nutrientes											
Fi: 100% FTR	22.12	22.27	20.05	20.07	90.74	90.24	12.53	12.64	14.91	15.29	15.10
F_2 : 75% KAB	22.11	22.27	20.03	20.04	90.98	90.30	12.46	12.43	14.13	14.27	14.20
F_3 : 50% KAB	21.99	22.15	19.93	19.89	90.77	90.01	12.39	12.40	13.17	13.38	13.28
S.E.±	0.167	0.202	0.196	0.174	1.203	1.125	0.124	0.112	0.304	0.294	0.19
C.D. a 5%	NS	NS	NS	NS	NS	NS	NS	NS	0.86	0.84	0.54
Efeito de interação											
CXM	NS	NS	NS	NS	NS	NS	NS	NS	NS	NS	NS
CXF	NS	NS	NS	NS	NS	NS	NS	NS	SIG	SIG	SIG
MXF	NS	NS	NS	NS	NS	NS	NS	NS	SIG	SIG	SIG
CXMXF	NS	NS	NS	NS	NS	NS	NS	NS	NS	NS	NS
Média geral	**22.07**	**22.23**	**20.01**	**20.00**	**90.83**	**90.18**	**12.46**	**12.49**	**14.09**	**14.32**	**14.20**

4.5.2 Percentagem de sacarose no sumo (%)

Os dados relativos à percentagem de sacarose no sumo, influenciada por diferentes tratamentos, durante os anos 2014-15 e 2015-16 são apresentados na Tabela 22 e representados graficamente na Fig. 13.

Efeito da configuração dos terrenos

A percentagem de sacarose no sumo não foi significativamente influenciada devido às diferentes configurações do terreno durante ambos os anos de investigação. Foi registada uma percentagem de sacarose numericamente mais elevada no tratamento com o método de sulcos e camalhões do que no resto dos tratamentos durante ambos os anos de estudo.

Efeito das técnicas de estabelecimento

O exame minucioso dos dados apresentados na Tabela 22 implica que as técnicas de estabelecimento não tiveram um efeito significativo na percentagem de sacarose no sumo durante o ano de 2014-15, bem como em 2015-16. O plantio de mudas cultivadas em solo + meio FYM registrou uma porcentagem de sacarose numericamente maior durante os dois anos.

Efeito das fontes de nutrientes

A percentagem de sacarose no sumo não foi influenciada significativamente pelas fontes de nutrientes durante ambos os anos em investigação. Numericamente, a aplicação de 100 % de FTR através de fertilizantes simples registou uma maior percentagem de sacarose.

Efeitos de interação:

A percentagem de sacarose no sumo não foi significativamente influenciada devido aos efeitos de interação entre os vários tratamentos durante os anos 2014-15 e 2015-16.

4.5.3 Percentagem de pureza no sumo (%)

Os dados relativos à percentagem de pureza do sumo influenciada por diferentes tratamentos, durante os anos 2014-15 e 2015-16, são apresentados na Tabela 22 e representados graficamente na Fig. 13.

Efeito da configuração dos terrenos

Vislumbres dos dados apresentados na Tabela 22 revelaram que, diferentes configurações de terra não influenciaram significativamente em relação à porcentagem de pureza no suco durante o ano de 2014-15, bem como 2015-16. A percentagem de pureza numericamente mais elevada foi registada no método de sulcos e sulcos de tratamento do que o resto dos tratamentos durante ambos os anos de estudo.

Efeito das técnicas de estabelecimento

As diferentes técnicas de estabelecimento não influenciaram significativamente a percentagem de pureza do sumo em ambos os anos de investigação. A plantação de mudas cultivadas em solo + meio FYM registou uma percentagem de pureza numericamente mais elevada em ambos os anos.

Efeito das fontes de nutrientes

Durante ambos os anos, a percentagem de pureza do sumo não foi significativamente influenciada pelas fontes de nutrientes durante ambos os anos de investigação. Numericamente, a aplicação de 75% de CDR através de briquetes Konkan Annapurna registou uma percentagem de pureza mais elevada em ambos os anos de investigação.

Efeitos de interação

A percentagem de pureza do sumo não foi significativamente influenciada pelos efeitos de interação durante os anos 2014-15 e 2015-16.

4.5.4 Percentagem de açúcar de cana comercial no sumo (%)

Os dados relativos à percentagem de açúcar de cana comercial no sumo, influenciada por diferentes tratamentos, durante os anos 2014-15 e 2015-16 são apresentados no Quadro 22 e representados graficamente na Fig. 14.

Efeito das configurações do terreno

A percentagem de açúcar de cana comercial no sumo não foi significativamente influenciada devido às diferentes configurações do terreno durante os dois anos de experimentação. A percentagem comercial de açúcar de cana numericamente mais elevada foi registada no tratamento com o método de sulcos e camalhões do que no resto dos tratamentos durante os dois anos de estudo.

Efeito das técnicas de estabelecimento

As diferentes técnicas de estabelecimento não influenciaram significativamente a percentagem comercial de açúcar de cana em sumo durante os dois anos de investigação. A plantação de mudas cultivadas em solo + meio FYM registou uma percentagem numericamente mais elevada de açúcar de cana comercial em sumo durante ambos os anos.

Efeito das fontes de nutrientes

A percentagem de açúcar de cana comercial no sumo não foi influenciada significativamente pelas fontes de nutrientes. A aplicação de 100 % FTR através de fertilizantes simples registou uma percentagem de açúcar de cana comercial mais elevada no sumo do que os restantes tratamentos.

Efeitos de interação

A percentagem de açúcar de cana comercial no sumo não foi influenciada significativamente devido a efeitos de interação entre vários tratamentos durante 2014-15 e 2015-16. **4.5.5 Açúcar comercial de cana (t ha')[1]**

Os dados relativos ao açúcar de cana comercial (t ha^{-1}) influenciado por vários tratamentos, durante os anos 2014-15, 2015-16 e nos dados agrupados são apresentados na Tabela 22 e representados graficamente na Fig. 14.

Efeito das configurações do terreno

Os dados apresentados na Tabela 22 insinuam que o açúcar de cana comercial não foi influenciado significativamente devido às diferentes configurações do terreno durante ambos os anos. O açúcar comercial de cana numericamente mais elevado foi registado no tratamento com o método de sulcos e camalhões do que no resto dos tratamentos durante ambos os anos de estudo e nos dados agrupados.

Efeito das técnicas de estabelecimento

As várias técnicas de estabelecimento influenciaram significativamente o açúcar de cana comercial durante ambos os anos de investigação. A cana-de-açúcar cultivada pelo plantio de mudas de gema única cultivadas no solo + FYM registrou maior açúcar de cana comercial seguido pelo plantio de duas mudas de gema no campo (in situ) e plantio de mudas de gema única cultivadas no solo + vermicomposto que permaneceram em paridade entre si, mas registraram um rendimento de cana comercial significativamente maior do que o plantio de mudas de gema única cultivadas no solo + cocopeat durante ambos os anos e nos dados agrupados. O açúcar de cana comercial significativamente mais baixo foi registado pela plantação de mudas de rebento único cultivadas em solo + cocopeat durante ambos os anos e nos dados agrupados. **Efeito das fontes de nutrientes**

O açúcar de cana comercial foi significativamente influenciado pelas fontes de nutrientes durante os dois anos de investigação e nos dados agrupados. A aplicação de 100 % de FTR através de fertilizantes simples registou significativamente o açúcar de cana comercial mais elevado do que a aplicação de 75 % de FTR através de briquetes Konkan Annapurna modificados e a aplicação de 50 % de FTR através de briquetes Konkan Annapurna modificados durante 2015 e na análise conjunta. Além disso, a aplicação de 100 % de FTR através de fertilizantes simples estava a par com 75 % de FTR através de briquetes Konkan Annapurna modificados durante o ano de 2014, mas significativamente superior a 50 % de FTR através de briquetes Konkan Annapurna modificados durante ambos os anos em relação ao açúcar de cana comercial.

Efeitos de interação

Os dados apresentados nos Quadros 23 e 24 indicam que houve uma diferença significativa no açúcar de cana comercial devido a diferentes configurações de terra X fontes de nutrientes e técnicas de estabelecimento X fontes de nutrientes durante ambos os anos e nos dados agrupados. No que diz respeito a diferentes configurações do terreno x fontes de nutrientes, a combinação de tratamento de sulcos e camalhões, juntamente com a aplicação de 100 % de FTR através de briquetes Konkan Annapurna modificados, registou significativamente o maior valor comercial de açúcar de cana em relação a todas as outras combinações de tratamento, seguida pela combinação de tratamento de sulcos e camalhões, juntamente com a aplicação de 75 % de FTR através de fertilizantes simples, durante ambos os anos.

No que diz respeito às técnicas de estabelecimento X fontes de nutrientes, a combinação de tratamentos de plantação de plântulas de gema única cultivadas no solo + FYM juntamente com a aplicação de 100 % de FTR através de fertilizantes simples (M2F1) registou significativamente o açúcar de cana comercial mais elevado, seguido pela plantação de plântulas de gema única cultivadas no solo + FYM juntamente com a aplicação de 75 % de FTR através de briquetes Konkan Annapurna modificados (M2F2) durante ambos os anos e nos dados agrupados no que diz respeito ao açúcar de cana comercial.

Tabela 23. Efeito de interação de configurações de terra x fontes de nutrientes em Açúcar de cana comercial t ha'[1] de cana de açúcar

Tratamento	2014			2015			Agrupado		
	C1	C2	C3	C1	C2	C3	C1	C2	C3
F1	15.41	14.56	14.89	16.02	14.75	15.08	15.64	14.66	14.98
F2	15.25	13.76	13.21	15.27	13.87	13.66	15.34	13.82	13.43
F3	12.86	13.64	13.00	13.35	13.80	12.99	13.10	13.72	13.00
S.E.±	0.52			0.50			0.36		
C.D.	1.49			1.44			1.04		

Tabela 24. Efeito de interação das técnicas de estabelecimento x e fontes de nutrientes na cana susar comercial t ha'[1] de susarcane

Tratamento	2014			2015			Agrupado		
	F1	F2	F3	F1	F2	F3	F1	F2	F3
M1	14.44	14.94	14.17	14.95	15.49	14.34	14.69	15.22	14.25
M2	16.52	15.96	13.07	17.16	15.71	13.69	16.84	15.84	13.38
M3	13.48	11.94	11.48	13.67	12.03	11.36	13.57	11.98	11.42
M4	15.17	13.66	13.94	15.36	13.84	14.13	15.27	13.75	14.04
S.E.±	0.60			0.59			0.42		

4.6 Estudos de nutrientes

O teor e a absorção dos principais nutrientes, *nomeadamente* azoto, fósforo e potássio, foram registados durante os anos de 2014-15 e 2015-16 e representados na Fig.15.

4.6.1 Teor de azoto na cana-de-açúcar

Os dados relativos ao teor de nitrogênio na cana-de-açúcar como influenciado por diferentes tratamentos durante 2014-15 e 2015-16 são apresentados na Tabela 25. Os valores médios do teor de azoto na cana-de-açúcar foram de 1,27 e 1,29 por cento durante os anos 2014-15 e 2015-16, respetivamente.

Efeito das configurações do terreno

Os vislumbres dos dados apresentados na Tabela 25 revelaram que, não houve influência significativa de diferentes configurações de terra no conteúdo de nitrogênio da cana de açúcar durante ambos os anos de experimentação. Foi registado um teor de azoto numericamente mais elevado no tratamento com o método de sulcos e camalhões do que no resto dos tratamentos durante ambos os anos de estudo.

Efeito das técnicas de estabelecimento:

Os dados apresentados na Tabela 25 indicaram que, várias técnicas de estabelecimento não influenciaram significativamente o conteúdo de nitrogênio da cana de açúcar durante o ano de 2014-15 e 2015-16. A cana-de-açúcar cultivada através da plantação de mudas de gema única criadas no solo + FYM registou um teor de azoto numericamente mais elevado na planta durante ambos os anos de estudo.

Efeito das fontes de nutrientes:

O teor de azoto na cana-de-açúcar mostrou um efeito significativo devido às fontes de nutrientes durante os anos 2014-15 e 2015-16. A aplicação de 100 % de FTR através de fertilizantes simples registou um teor de azoto mais elevado na planta, seguida da aplicação de 75 % de FTR através de briquetes Konkan Annapurna modificados e da aplicação de 50 % de FTR através de briquetes Konkan Annapurna modificados, por ordem decrescente de significância, durante os anos 2014-15 e 201516.

Efeitos de interação

O teor de azoto na cana-de-açúcar não foi significativamente influenciado pelas interacções durante os anos 2014-15 e 2015-16.

4.6.2 Absorção total de azoto pela cana-de-açúcar

Os dados relativos à absorção total de azoto pela cultura, influenciada por vários tratamentos durante os anos 2014-15 e 2015-16, são apresentados no Quadro 26 e representados graficamente na Fig. 16.

Efeito das configurações do terreno

Os dados apresentados na Tabela 26 ilustraram que, diferentes configurações de terra influenciaram significativamente a absorção total de nitrogênio pela cana-de-açúcar durante ambos os anos. A cana-de-açúcar cultivada em cumeeiras e sulcos registou uma maior absorção total de azoto pela cultura, seguida por sulcos de leito largo e leitos planos que estavam a par entre si durante ambos os anos sob investigação.

Efeito das técnicas de estabelecimento

As diferentes técnicas de estabelecimento influenciaram significativamente a absorção de nitrogênio total pela cultura durante ambos os anos de experimentação. Valores mais altos de absorção de nitrogênio total pela cana de açúcar foram registrados sob o plantio de mudas de gema única cultivadas no solo + FYM seguido pelo plantio de duas mudas de gema no campo (in situ) e plantio de mudas de gema única cultivadas no solo + vermicomposto que estavam no mesmo nível um do outro mas significativamente superior ao plantio de mudas de gema única cultivadas no solo + cocopeat durante ambos os anos de estudo.

No entanto, a menor absorção de nitrogênio total pela cana-de-açúcar foi registrada sob o plantio de mudas de gema única cultivadas em solo + cocopeat em comparação com o resto das técnicas de estabelecimento durante ambos os anos de experimentação.

Efeito das fontes de nutrientes

A absorção total de nitrogênio pela cana-de-açúcar foi significativamente influenciada devido às fontes de nutrientes durante ambos os anos. A absorção total de nitrogênio pela cana-de-açúcar foi registrada significativamente como a mais alta quando foi fertilizada com 100% de RDF através de fertilizantes simples, seguida pela aplicação de 75% de RDF através de briquetes Konkan Annapurna modificados e aplicação de 50% de RDF através de briquetes Konkan Annapurna modificados em ordem decrescente de significância durante os anos 2014-15 e 2015-16. A aplicação de 50 % de CDR através de briquetes Konkan Annapurna modificados registou significativamente a menor absorção total de azoto pela cultura, em comparação com as suas fontes aumentadas de nutrientes como F1 e F2, durante ambos os anos.

Tabela 25. Efeito das configurações do terreno, técnicas de estabelecimento e fontes de nutrientes na percentagem de azoto, fósforo e potássio na planta de cana-de-açúcar

Tratamento	N por cento		P por cento		K por cento	
	2014	2015	2014	2015	2014	2015
Configurações do terreno						
Ci: R e F	1.28	1.30	0.071	0.074	1.65	1.66
C2: BBF	1.27	1.29	0.063	0.068	1.62	1.65
C_3 : Cama plana	1.26	1.27	0.062	0.070	1.63	1.65
S.E.±	1.26	1.28	0.001	0.002	0.012	0.011
C.D. a 5%	NS	NS	NS	NS	NS	NS
Técnicas de estabelecimento						
Mi: In situ	1.27	1.29	0.066	0.072	1.64	1.66
M_2 : Solo+FYM.	1.28	1.30	0.068	0.073	1.65	1.67
M3: Solo+Coco.	1.26	1.27	0.063	0.068	1.63	1.64
M_4 : Solo+Vermi.	1.26	1.28	0.065	0.071	1.62	1.65
S.E.±	0.011	0.007	0.002	0.001	0.011	0.007
C.D. a 5%	NS	NS	NS	NS	NS	NS
Fontes de nutrientes						
Ei: 100% FTR	1.31	1.32	0.073	0.076	1.67	1.68
F2: 75% KAB	1.26	1.28	0.065	0.071	1.62	1.65
F_3 : 50% KAB	1.24	1.26	0.058	0.066	1.60	1.63
S.E.±	0.008	0.005	0.001	0.002	0.008	0.005
C.D. a 5%	0.023	0.014	0.003	0.006	0.023	0.014

Efeito de interação						
CXM	NS	NS	NS	NS	NS	NS
CXF	NS	NS	NS	NS	NS	NS
MXF	NS	NS	NS	NS	NS	NS
CXMXF	NS	NS	NS	NS	NS	NS
Média geral	**1.27**	**1.29**	**0.065**	**0.071**	**1.63**	**1.65**

Tabela 26. Efeito das configurações do terreno, técnicas de estabelecimento e fontes de nutrientes na absorção de azoto, fósforo e potássio na planta de cana-de-açúcar

Tratamento	Total N absorção		Absorção total de P		Absorção total de K	
	2014	**2015**	**2014**	**2015**	**2014**	**2015**
Configurações do terreno						
Ci:RandF	216.63	223.77	12.01	12.81	276.95	285.40
C2: BBF	204.29	210.84	10.26	11.26	263.08	270.95
C3: Cama plana	201.22	207.91	9.92	11.53	258.22	269.70
S.E.±	6.822	10.448	0.361	0.621	8.388	13.070
C.D. a 5%	26.788	41.024	1.419	2.437	32.937	51.320
Técnicas de estabelecimento						
Mi: In situ	215.85	224.04	11.18	12.53	276.48	287.27
M_2 : Solo+FYM.	226.11	232.32	12.02	13.13	289.81	297.74
M3: Solo+Coco.	179.76	185.29	9.01	9.89	231.29	238.55
M_4 : Solo+Vermi.	207.80	215.05	10.72	11.91	266.75	277.83
S.E.±	7.408	9.357	0.469	0.572	9.474	11.794
C.D. a 5%	25.637	32.380	1.624	1.978	32.784	40.814
Fontes de nutrientes						
Fi: 100% FTR	225.60	232.34	12.54	13.45	287.36	297.15
F2: 75% KAB	207.86	214.68	10.84	11.93	267.38	276.33
F3: 50% KAB	188.68	195.51	8.81	10.22	243.50	252.56
S.E.±	4.080	4.134	0.187	0.272	5.009	5.239
C.D. a 5%	11.602	11.754	0.531	0.774	14.243	14.898
Efeito de interação						
CXM	NS	NS	NS	NS	NS	NS
CXF	NS	NS	NS	NS	NS	NS
MXF	NS	NS	NS	NS	NS	NS
CXMXF	NS	NS	NS	NS	NS	NS
Média geral	**207.38**	**214.18**	**10.73**	**11.87**	**266.08**	**275.28**

Efeitos de interação

A absorção total de nitrogênio pela cultura da cana-de-açúcar não foi significativamente influenciada com efeitos de interação durante os anos de 2014-15 e 2015-16.

4.6.3 Teor de fósforo na cana-de-açúcar

O conteúdo de fósforo da planta de cana-de-açúcar foi analisado e é apresentado na Tabela 25.

Efeito das configurações do terreno

Os vislumbres dos dados apresentados na Tabela 25 revelaram que as configurações do terreno não influenciaram significativamente o conteúdo de fósforo da cana-de-açúcar, durante ambos os anos. Foi registado um teor de fósforo numericamente mais elevado nos tratamentos de sulcos e camalhões do que nas configurações de sulcos de leito largo e leito plano durante ambos os anos de estudo.

Efeito das técnicas de estabelecimento

As diferenças de tratamento devido às técnicas de estabelecimento não foram significativas durante os dois anos de investigação. A plantação de mudas de rebento único cultivadas em solo + FYM registou um teor de fósforo numericamente mais elevado do que os restantes tratamentos.

Efeito das fontes de nutrientes

O conteúdo de fósforo na cana-de-açúcar foi influenciado significativamente devido às fontes de nutrientes durante os dois anos do estudo. O teor de fósforo na cana-de-açúcar foi significativamente maior sob o tratamento de aplicação de 100 % RDF através de fertilizantes simples, seguido pela aplicação de 75 % RDF através de briquetes Konkan Annapurna modificados e aplicação de 50 % RDF através de briquetes Konkan Annapurna modificados em ordem decrescente de significância durante 2015-16, onde foram estatisticamente semelhantes entre si durante 2014-15.

Efeitos de interação

O teor de fósforo na planta de cana-de-açúcar não foi significativamente influenciado devido aos efeitos de interação durante os anos 2014-15 e 2015-16.

4.6.4 Absorção de fósforo total pela cana-de-açúcar

Durante ambos os anos, a absorção total de fósforo pela cana de açúcar como influenciada por vários tratamentos é apresentada na Tabela 26 e graficamente representada na Fig. 16.

Efeito das configurações do terreno

Foi revelado a partir dos dados apresentados na Tabela 26 que, diferentes configurações de terra influenciaram significativamente a absorção total de fósforo pela planta de cana-de-açúcar cultivada durante ambos os anos sob investigação. Cumes e sulcos registaram significativamente a maior absorção total de fósforo, seguidos por sulcos de leito largo e leitos planos que foram estatisticamente semelhantes entre si durante ambos os anos, mas permaneceram a par com o tratamento anterior durante 201516.

Efeito das técnicas de estabelecimento

Os dados apresentados na Tabela 26 insinuam que, a variação significativa na absorção de fósforo total pela cana de açúcar foi observada devido a diferentes técnicas de estabelecimento durante ambos os anos de investigação. O plantio de mudas de gema única cultivadas no solo + FYM registrou maior absorção de fósforo total seguido pelo plantio de duas mudas de gema no campo (*in situ*) e plantio de mudas de gema única cultivadas no solo + vermicomposto que estavam em paridade entre si, mas foram significativamente superiores ao plantio de mudas de gema única cultivadas no solo + cocopeat durante os anos 2014-15 e 2015-16.

Efeito das fontes de nutrientes

A absorção total de fósforo pela cana-de-açúcar foi significativamente influenciada devido às fontes de nutrientes durante ambos os anos. Significativamente, a maior absorção de fósforo total pela cana-de-açúcar foi registada pela aplicação de 100 % de CDR através de fertilizantes simples sobre 75 % de CDR através de briquetes Konkan Annapurna modificados e 50 % de CDR através de briquetes Konkan Annapurna modificados durante os anos 2014-15 e 2015-16. A menor absorção total de fósforo pela cana-de-açúcar foi registada sob tratamento de aplicação de 50 % de FTR através de briquetes Konkan Annapurna modificados durante ambos os anos de investigação.

Efeitos de interação

Os efeitos de interação foram considerados não significativos no que diz respeito à absorção total de fósforo pela cana-de-açúcar durante os anos 2014-15 e 2015-16.

4.6.5 Teor de potássio na cana-de-açúcar

O teor de potássio na cana-de-açúcar foi analisado e os dados são apresentados na Tabela 25.

Efeito das configurações do terreno

O exame minucioso dos dados apresentados na Tabela 25 revelou que não houve variação significativa no teor de potássio na cana-de-açúcar devido às configurações do terreno durante os dois anos de experimentação. Cumes e sulcos registaram um teor de potássio numericamente mais elevado durante ambos os anos de estudo.

Efeito das técnicas de estabelecimento

As diferenças de tratamento devido a técnicas de estabelecimento foram estatisticamente não significativas com respeito ao conteúdo de potássio na cana de açúcar durante ambos os anos. O plantio de mudas de gema única cultivadas em solo + FYM registrou um teor de potássio numericamente mais alto durante os dois anos de estudo.

Efeito das fontes de nutrientes

Os dados apresentados na Tabela 25 revelaram que, houve uma diferença significativa no conteúdo de potássio na cana-de-açúcar durante ambos os anos devido às fontes de nutrientes. Cada incremento sucessivo nas fontes de nutrientes aumentou o teor de potássio da cana-de-açúcar. O teor de potássio na cana-de-açúcar registou um aumento significativo quando se aplicou 100 % de FTR através de fertilizantes simples, seguido da aplicação de 75 % de FTR através de briquetes Konkan Annapurna modificados e da aplicação de 50 % de FTR através de briquetes Konkan Annapurna modificados, por ordem decrescente de significância, durante 2015-16, enquanto 75 % de FTR através de briquetes Konkan Annapurna modificados e 50 % de FTR através de briquetes Konkan Annapurna modificados foram estatisticamente semelhantes entre si durante 2014.15. **Efeitos de interação**

O teor de potássio na cana-de-açúcar foi considerado não significativo devido aos efeitos de interação durante os anos 2014-15 e 2015-16.

4.6.6 Absorção total de potássio pela cana-de-açúcar

Os dados relativos à absorção total de potássio pela cana-de-açúcar, influenciados por vários tratamentos, durante os anos de 2014-15 e 2015-16 são apresentados na Tabela 26 e representados graficamente na Fig.16

Efeito da configuração dos terrenos

Os dados apresentados na Tabela 26 indicaram que, diferentes configurações de terra influenciaram significativamente na absorção total de potássio da cana-de-açúcar durante ambos os anos sob experimentação. Cumes e sulcos registaram maior absorção de potássio total pela cana-de-açúcar do que o sulco de cama larga e camas planas que estavam a par entre si durante os anos 2014-15, bem como 2015-16.

Efeito das técnicas de estabelecimento

As diferentes técnicas de estabelecimento influenciaram significativamente a absorção total de potássio pela cana-de-açúcar durante os dois anos de experimentação. A maior absorção total de potássio pela cana-de-açúcar foi registrada sob o plantio de mudas de gema única criadas no solo + FYM seguido pelo plantio de duas mudas de gema no campo (in situ), plantio de mudas de gema única criadas no solo + vermicomposto e plantio de mudas de gema única criadas no solo + cocopeat em ordem decrescente durante os anos 2014-15 e 2015-16. Além disso, a plantação de dois gomos no campo (in situ) e a plantação de gomos únicos criados no solo + vermicomposto permaneceram a par com o tratamento anterior. No entanto, o tratamento de plantio de mudas de gemas únicas criadas no solo + cocopeat registrou significativamente a menor absorção total de potássio pela cana-de-açúcar durante ambos os anos de investigação.

Efeito das fontes de nutrientes

Durante ambos os anos, a absorção total de potássio pela cana-de-açúcar foi significativamente influenciada pelas fontes de nutrientes. A cana-de-açúcar cultivada com a aplicação de 100 % de FTR através de fertilizantes simples registou significativamente a maior absorção total de potássio sobre a aplicação de 75 % de FTR através de briquetes Konkan Annapurna modificados e aplicação de 50 % de FTR através de briquetes Konkan Annapurna modificados durante ambos os anos. No entanto, a aplicação de 50 % de CDR através de briquetes Konkan Annapurna modificados à cana-de-açúcar registou significativamente a absorção total mais baixa de potássio pela planta da cana-de-açúcar em comparação com o resto das fontes de níveis de nutrientes durante ambos os anos.

Efeitos de interação

A absorção total de potássio pela cana-de-açúcar não foi significativamente influenciada devido a efeitos de interação entre durante o ano 2014-15 apenas.

4.6.8 Azoto, fósforo e potássio disponíveis (kg ha')[1]

Os dados relativos ao nitrogênio, fósforo e potássio disponíveis (kg ha^{-1}) no solo após a colheita da cana de açúcar como influenciado por diferentes tratamentos são apresentados na Tabela 27 e representados na Fig.17.

Efeito da configuração dos terrenos

A análise dos dados apresentados no quadro 27 revelou que as diferenças na disponibilidade de azoto, potássio e fósforo no solo após a colheita da cultura não atingiram o nível de significância devido às diferentes configurações do terreno durante os dois anos de experimentação. O azoto, o fósforo e o potássio disponíveis no solo eram numericamente mais elevados na configuração de cama plana em ambos os anos.

Efeito das técnicas de estabelecimento

O exame minucioso dos dados apresentados na Tabela 27 implica que, diferentes técnicas de estabelecimento não influenciaram significativamente a disponibilidade de nitrogênio, fósforo e potássio no solo após a colheita da cana de açúcar durante os anos 2014-15 e 2015-16. Numericamente mais alto o nitrogênio, fósforo e potássio estavam disponíveis no solo pelo plantio de mudas de gema única criadas no solo + cocopeat durante ambos os anos de estudo.

Efeito das fontes de nutrientes

Os dados apresentados no quadro 27 indicam que a disponibilidade de azoto, fósforo e potássio não foi significativamente influenciada pelas fontes de nutrientes. A aplicação de 100 % de FTR através de fertilizantes simples registou uma maior disponibilidade de azoto, fósforo e potássio em ambos os anos de estudo.

Quadro 27. Efeito das configurações do terreno, das técnicas de implantação e das fontes de nutrientes no azoto, fósforo e potássio disponíveis (kg ha'[1]) no solo

Tratamentos	N disponível (kg ha')[1]		Disponível P g '(kha1)		K disponível (kg ha')[1]	
	2014	2015	2014	2015	2014	2015
Configurações do terreno						
Ci:RandF	301.24	296.71	9.418	9.374	251.80	248.07
C2: BBF	305.78	298.79	9.471	9.419	254.73	249.32
C3: Cama plana	309.54	301.91	9.507	9.456	257.77	255.02
S.E.±	1.125	1.123	0.004	0.005	1.05	0.57
C.D. a 5%	NS	NS	NS	NS	NS	NS
Técnicas de estabelecimento						
Mi: In situ	305.92	297.84	9.406	9.361	252.71	248.52
M_2 : Solo+FYM.	305.68	299.70	9.377	9.330	241.15	237.97
M3: Solo+Coco.	306.23	300.31	9.544	9.488	263.84	258.82
M4: Solo+Vermi.	304.26	298.69	9.534	9.485	261.38	257.90
S.E.±	1.562	2.299	0.017	0.016	1.915	1.993
C.D. a 5%	NS	NS	NS	NS	NS	NS
Fontes de nutrientes						
Fi: 100% FTR	312.82	306.23	9.488	9.427	258.98	254.48
F2: 75% KAB	304.74	297.25	9.479	9.434	254.81	250.93
F3: 50% KAB	299.01	293.92	9.430	9.387	250.51	247.00
S.E.±	0.588	1.662	0.007	0.007	0.38	0.53
C.D. a 5%	NS	NS	NS	NS	NS	NS
Efeito de interação						
CXM	NS	NS	NS	NS	NS	NS
CXF	NS	NS	NS	NS	NS	NS
MXF	NS	NS	NS	NS	NS	NS
CXMXF	NS	NS	NS	NS	NS	NS
Média geral	**305.52**	**299.14**	**9.47**	**9.42**	**254.77**	**250.80**

Efeitos de interação

Todos os efeitos de interação não apresentam qualquer efeito significativo na disponibilidade de azoto, fósforo e potássio no solo após a colheita da cana-de-açúcar, durante os anos 2014-15 e 2015-16.

4.9 Economia dos tratamentos

Os diferentes parâmetros, *nomeadamente o* rendimento bruto, o rendimento líquido, o custo de cultivo e o rácio benefício/custo da cana-de-açúcar durante os anos de 2014-15 e 2015-16 foram analisados para o estudo económico. Os dados são apresentados na Tabela 28. Os dados dos retornos monitórios brutos e líquidos foram analisados estatisticamente com interpretação, mas o custo de cultivo e a relação custo-benefício não foram analisados estatisticamente e, portanto, as inferências a respeito deles foram tiradas com base em valores numéricos.

4.9.1 Custo de cultivo (ha')[1]

Os dados relativos ao custo de cultivo da cana-de-açúcar são apresentados na Tabela 28. O custo médio de cultivo da cana-de-açúcar foi₹273525 e ₹2,75,355 ha^{-1} respetivamente, durante os anos 2014-15 e 2015-16.

Efeito das configurações do terreno

Os dados apresentados no quadro 28 revelam que os sulcos e as cristas registaram o custo de cultivo mais elevado em ₹2,75,819 e ₹2,78,854 ha^{-1} , em comparação com a cama larga sulco, que foram ^2,73,005 e ^2,74,702 ha^{-1} e leitos planos que foram ₹2,71,750 e₹2,72,511 ha^{-1} respetivamente, durante os anos 2014-15 e 2015-16.

Efeito das técnicas de estabelecimento

A leitura dos dados apresentados no quadro 28 revelou que a plantação de dois gomos no campo registou o custo máximo de cultivo de ₹2,82,042 e ₹2,83,729 ha^{-1} , respetivamente, durante 2014-15 e 2015-16, em relação aos restantes tratamentos. O custo mais baixo de cultivo foi registado no tratamento de plantação de mudas de rebento único cultivadas em solo + FYM de₹2,68,717 e ₹2,61,766 ha^{-1} respetivamente, durante os anos de 2014-15 e 2015-16.

Efeito das fontes de nutrientes

Os custos de cultivo mais elevados foram registados quando a cana-de-açúcar foi cultivada sob a aplicação de 100 % de FTR através de fertilizantes simples de₹2,80,294 e₹ 2,81,559 ha^{-1}respetivamente, durante 2014-15 e 2015-16, em comparação com a aplicação de 75% de CDR através de briquetes Konkan Annapurna modificados e a aplicação de 50% de CDR através de briquetes Konkan Annapurna modificados. O custo de cultivo mais baixo foi registado no tratamento de aplicação de 50 % de CDR através de briquetes Konkan Annapurna modificados de₹2,66,407 e yy₹2.68.037ha^{-1}

respetivamente, durante os anos de 2014-15 e 2015-16.

4.9.2 Rendimentos monetários brutos (ha')[1]

Os dados apresentados no Quadro 28 revelam que os rendimentos brutos monitórios da cana-de-açúcar foram significativamente influenciados pelos diferentes tratamentos. Os retornos brutos médios foram ₹2,95,105 e₹2,99,616 ha^{-1} durante os anos 2014-15 e 2015-16, respetivamente.

Efeito das configurações do terreno

O exame minucioso do quadro 28 indica que os tratamentos em sulcos e camalhões registaram os maiores rendimentos monetários brutos de₹3,04,385 e₹3,09,354 ha^{-1} , em comparação com os tratamentos em geral.

sulco de leito ₹2,92,906 e₹2,96,558 ha^{-1} e em leitos planos, *ou seja,* ₹2,88,024 ha^{-1} e₹ 2,92,936 ha^{-1}durante os anos de 2014-15 e 2015-16, respetivamente.

Efeito das técnicas de estabelecimento

A cana-de-açúcar cultivada com mudas de gema única cultivadas em solo + FYM registrou os maiores retornos brutos de ₹3,18,093 e ₹3,22,167 ha^{-1} seguido por plantação de dois conjuntos de gemas no campo, *ou seja,*₹3,04,309 e ₹3,10,126 durante os anos de 2014

15 e 2015-16, respetivamente, em relação a outras técnicas de estabelecimento. O plantio de mudas de gema única cultivadas em solo + cocopeat registrou os menores retornos monitórios brutos ₹2,78,586 ex x| ₹2,79,659 ha^{-1} respetivamente, durante os anos 2014-15 e 2015-16.

Efeito das fontes de nutrientes

Os maiores retornos monetários brutos foram registados quando a cana-de-açúcar foi cultivada com a aplicação de 100 % de FTR através de fertilizantes simples que foram ₹3,13,741 e ₹3,18,399 ha^{-1} durante os anos 2014-15 e 2015-16 do que aplicação de 75 % de CDR através de briquetes Konkan Annapurna modificados (₹2,73,874 e I ₹2,76,470) e aplicação de 50 % de CDR através de briquetes Konkan Annapurna modificados.

Briquetes Annapurna (₹2,66,407 e ₹2,68,037). No entanto, o valor bruto mais baixo Foram observados retornos monitórios no tratamento F3 em comparação com outras fontes de nutrientes durante os dois anos de investigação.

4.8.2 Rendimentos monetários líquidos (ha')[1]

Um vislumbre dos dados apresentados na Tabela 28 revelou que os retornos líquidos monitórios da cana-de-açúcar foram significativamente influenciados pelos diferentes tratamentos.

Os retornos líquidos médios foram ₹21,579 e₹24,260 ha⁻¹ durante os anos 2014-15 e 2015-16, respetivamente.

Efeito das configurações do terreno

Os dados apresentados no quadro 28 revelam que os sulcos e as cristas registaram os rendimentos líquidos monitórios mais elevados₹28,565 e ₹30,500 ha⁻¹ do que a cama larga sulco que eram de₹19,900 e ₹21,856 ha⁻¹ e camas planas que eram de ₹ 16,274 e ₹20,425 ha⁻¹ durante 2014-15 e 2015-16, respetivamente.

Efeito das técnicas de estabelecimento

Os dados apresentados na Tabela 28 indicam que a plantação de mudas de gema única cultivadas no solo + FYM registou os maiores retornos monitórios líquidos de₹49,376 e ₹ 50,401 ha⁻¹ durante os anos 2014-15 e 2015-16, o resto dos tratamentos. Além disso, os menores retornos monitórios líquidos foram registados sob o tratamento de plantação de mudas de gema única cultivadas em solo + cocopeat,₹8,014 e ₹8,469 ha⁻¹ respetivamente, durante ambos os anos 2014-15 e 2015-16.

Efeito das fontes de nutrientes

Os maiores retornos monitórios líquidos foram registados quando a cana-de-açúcar foi cultivada com a aplicação de 100 % de FTR através de fertilizantes simples ₹33,447 e ₹ 36,840 ha⁻¹ durante os anos 2014-15 e 2015-16 sobre a cana-de-açúcar cultivada com F; (₹22,378 e ₹24,581) eF_3(₹8,913 e₹11,359) . O tratamento F_3 registou
Os rendimentos monetários líquidos mais baixos registados durante os anos de 2014-15 e 201516.

4.9.4 Rácio benefício/custo

Os dados relativos às relações B:C da cana-de-açúcar são apresentados na Tabela 28. Os rácios B:C médios da cana-de-açúcar foram de 1,08 e 1,09, respetivamente, durante os anos 2014-15 e 2015-16.

Efeito das configurações do terreno

O tratamento Ci, ou *seja,* sulcos e camalhões, registou rácios de custo-benefício mais elevados, de 1,10 e 1,11 em ambos os anos, seguido de C2 (1,07 e 1,08) e C3 (1,06 e 1,07).

Efeito das técnicas de estabelecimento

Os rácios de custo-benefício mais elevados, de 1,18 e 1,18, foram registados na plantação de mudas de rebentos únicos cultivadas no solo + FYM. Os rácios de custo-benefício mais baixos, de 1,03 e 1,03, foram registados na plantação de mudas de rebentos únicos cultivadas no solo + cocopeat durante os anos 2014-15 e 2015-16, respetivamente.

Tabela 28. **Efeito das configurações do terreno, técnicas de estabelecimento e fontes de nutrientes na economia da cana-de-açúcar**

Tratamento	Custo total		Bruto ₹ha⁻¹ retorno		Rendimento		Rácio B:C	
	2014	**2015**	**2014**	**2015**	**2014**	**2015**	**2014**	**2015**
Configurações do terreno								
Ci:RandF	275819	278854	304385	309354	28565	30500	1.10	1.11
C_2 : BBF	273005	274702	292906	296558	19900	21856	1.07	1.08
C3: Cama plana	271750	272511	288024	292936	16274	20425	1.06	1.07
Técnicas de estabelecimento								
Mi: In situ	282042	283729	304309	310126	22266	26396	1.08	1.09
M_2 : Solo+FYM.	268717	261766	318093	322167	49376	50401	1.18	1.18
M3: Solo+Coco.	270572	271190	278586	279659	8014	8469	1.03	1.03
MuSoil+Vermi.	272769	274738	299432	303512	26662	28774	1.10	1.10
Fontes de nutrientes								
Fi: 100% FTR	280294	281559	313741	318399	33447	36840	1.12	1.13
F_2 : 75% KAB	273874	276470	296253	301052	22378	24581	1.08	1.09
F_3 : 50% KAB	266407	268037	275321	279396	8913	11359	1.03	1.04
Média geral	**273525**	**275355**	**295105**	**299616**	**21579**	**24260**	**1.08**	**1.09**

4.9.5 Economia das combinações de tratamento

Efeito das fontes de nutrientes

A aplicação de 100 % de CDR através de fertilizantes simples registou os rácios de custo-benefício mais elevados de 1,12 e 1,13 em relação à aplicação de 75 % de CDR através de briquetes Konkan Annapurna modificados (F2), ou *seja,* 1,08 e 1,09 e 50 % de CDR através de briquetes Konkan Annapurna modificados (F3), ou *seja,* 1,03 e 1,04; respetivamente, durante 2014-15 e 2015-16.

Os dados relativos ao custo de cultivo, rendimentos monitórios brutos, rendimentos monitórios líquidos e rácio B: C influenciados por diferentes combinações de tratamentos são apresentados no quadro 29.

Os dados apresentados no Quadro 29 mostram que o custo de cultivo mais elevado foi registado na combinação de tratamentos C1M1F1, que foi de₹ 296235 e ₹298074 ha⁻¹, , respetivamente, durante os anos 2014-15 e 2015-16.

O menor custo de cultivo foi registado pela combinação de tratamentos C3M2F3, que foi ₹257712 e ₹258392 ha⁻¹ , durante 2014-15 e 2015-16, respetivamente.

Os rendimentos monetários brutos mais elevados foram registados pela combinação de tratamentos C1M2F1, que foi ₹384986 e ₹389064 ha^{-1}, durante os anos 2014-15 e 2015-16, respetivamente. No entanto, os menores retornos monetários brutos foram observados sob a combinação de tratamento de C3M3F3, *ou seja*, ₹249902 e ₹249977 ha^{-1}, durante os anos 2014-15 e 2015-16.

A combinação de tratamento C1M2F1 registou os maiores retornos monetários líquidos de ₹95959 e ₹99357 ha^{-1} durante 2014-15 e 2015-16, respetivamente.

Além disso, os rendimentos monetários líquidos mais baixos de ₹281 em C3M3F2 e ₹929 ha^{-1} em C2M3F1 foram registados durante os anos 2014-15 e 2015-16, respetivamente.

O rácio B: C mais elevado, de 1,33 e 1,34, foi registado pela combinação de tratamentos C1M2F1 em relação às restantes combinações de tratamentos, mas foi seguido pela combinação de tratamentos C3M2F1, que registou o rácio custo-benefício de 1,27 e 1,28 durante os anos de 2014-15 e 2015-16, respetivamente. No entanto, o

A combinação de tratamentos C3M3F2 registou os rácios B: C de 1,00 e 1,01, durante os anos 2014-15 e 2015-16, respetivamente.

Quadro 29. Economia das diferentes combinações de tratamento

Tratamentos	Custo total (Rs./ha.)		Rendimentos brutos (Rs./ha.)		Rendimentos líquidos (Rs./ha.)		B: Rácio C	
	2014	2015	2014	2015	2014	2015	2014	2015
C1M1F1	296235	298074	344711	355746	48476	57672	1.16	1.19
C1M1F2	290937	292265	336673	344640	45736	52375	1.16	1.18
C1M1F3	279136	279815	289615	293690	10479	13875	1.04	1.05
C1M2F1	289027	289707	384986	389064	95959	99357	1.33	1.34
C1M2F2	274429	275116	325520	325266	46711	50150	1.17	1.18
C1M2F3	266354	267030	296441	300501	30087	33471	1.11	1.13
C1M3F1	267276	265955	278799	267876	11523	1921	1.04	1.01
C1M3F2	279782	280451	297583	301586	17801	21135	1.06	1.08
C1M3F3	251863	252547	255815	256917	3952	4370	1.02	1.02
C1M4F1	284283	284962	328683	332758	44400	47796	1.16	1.17
C1M4F2	275361	276042	298899	302982	23538	26940	1.09	1.10

C1M4F3	261439	265119	263114	267189	1675	2070	1.01	1.01
C2M1F1	284019	284698	296471	300546	12452	15848	1.04	1.06
C2M1F2	284740	284569	324544	323522	39804	38953	1.14	1.14
C2M1F3	273293	273868	279614	283064	6321	9196	1.02	1.03
C2M2F1	274754	275433	324402	328486	49648	53053	1.18	1.19
C2M2F2	268451	269130	310322	314407	41871	45277	1.16	1.17
C2M2F3	258612	259292	275050	279125	16438	19833	1.06	1.08
C2M3F1	272467	274146	275000	275075	2533	929	1.01	1.00
C2M3F2	251242	251917	257800	259954	6558	8037	1.03	1.03
C2M3F3	268644	269323	279559	283632	10915	14309	1.04	1.05
C2M4F1	280559	281243	306339	310439	25780	29196	1.09	1.10
C2M4F2	274955	275635	296464	300539	21509	24904	1.08	1.09
C2M4F3	273869	274549	313695	317770	39826	43221	1.15	1.16
C3M1F1	283047	284143	290642	297217	7595	13074	1.03	1.05
C3M1F2	277330	279677	280085	294170	2755	14493	1.01	1.05
C3M1F3	276079	276757	296326	300399	20247	23642	1.07	1.09
C3M2F1	279930	280610	355460	359538	75530	78928	1.27	1.28
C3M2F2	270960	271626	325386	329386	54426	57760	1.20	1.21
C3M2F3	257712	258392	269649	273724	11937	15332	1.05	1.06
C3M3F1	278579	279259	291673	295753	13094	16494	1.05	1.06
C3M3F2	255267	255949	255548	259638	281	3689	1.00	1.01
C3M3F3	249368	240047	249902	249977	534	9930	1.00	1.04
C3M4F1	276944	277622	309702	313772	32758	36150	1.12	1.13
C3M4F2	270189	270831	292922	297012	22733	26181	1.08	1.10
C3M4F3	264919	265598	285049	289124	20130	23526	1.08	1.09

CAPÍTULO V

DISCUSSÃO

Neste capítulo, foi feita uma tentativa de discutir criticamente as causas e efeitos importantes que emergem dos resultados da investigação, "Efeito das configurações do terreno, técnicas de estabelecimento e fontes de nutrientes na cana-de-açúcar *suru* em condições de *konkan*", realizada durante 2014 e 2015 na Quinta Agronómica, Departamento de Agronomia, Dr. Balasaheb Sawant Konkan Krishi Vidyapeeth, Dapoli.

A experiência de campo foi efectuada num esquema de parcelas divididas em faixas, com 36 combinações de tratamentos, repetidas três vezes. As faixas horizontais consistiam em três configurações de terreno. As faixas verticais consistiam em quatro métodos de estabelecimento e três fontes de nutrientes.

Este capítulo trata das razões prováveis para as variações observadas nos parâmetros de crescimento e desenvolvimento, atributos de rendimento e rendimento, qualidade, teor de nutrientes e sua absorção, fertilidade do solo e economia, como resultado da imposição dos tratamentos, fundamentando-as, sempre que possível, com as referências disponíveis na literatura, a fim de estabelecer a relação de causa e efeito. Todo o capítulo foi dividido, por uma questão de conveniência, nos seguintes subtítulos.

5.1 Clima, solo e desenvolvimento das culturas

5.2 Efeito das configurações do terreno

5.3 Efeito dos métodos de estabelecimento

5.4 Efeito das fontes de nutrientes

5.5 Efeitos da interação entre a configuração do terreno, os métodos de estabelecimento e as fontes de nutrientes.

5.6 Economia das combinações de tratamento

5.1 Clima, solo e desenvolvimento das culturas

Antes de abordar o presente inquérito, é importante discutir as condições climatéricas a que as culturas foram expostas e as condições do solo em que foram cultivadas.

Entre os vários factores responsáveis por influenciar o crescimento e os parâmetros de rendimento da cultura, as condições meteorológicas desempenham um papel fundamental. Os vários parâmetros climáticos relativos à época de colheita durante 2014 e 2015 são apresentados no Quadro

1 e representados graficamente nas Figuras 1 e 2.

As observações meteorológicas apresentadas no Quadro 1 revelaram que as temperaturas máximas médias variaram entre 26,5^0 C e 35,5^0 C e 26,1^0 C e 34,7^0 C e as temperaturas mínimas médias entre 12 ,6^0 C e 26,3^0 C e 9,6^0 C e 25,5^0 C durante a época de colheita em 2014 e 2015, respetivamente. O clima é o fator mais importante que afecta o desempenho da cultura.

A humidade relativa média durante as horas da manhã (RH-I) e durante as horas da tarde (RH-II) foi mais elevada em 2014 do que em 2015. A humidade relativa durante toda a época de cultivo variou entre 80 e 99% durante a manhã e 36 e 99% durante a tarde, respetivamente, em 2014.

Em 2015, os valores correspondentes de humidade relativa variaram entre 82 e 97 por cento e 29 e 96 por cento, respetivamente. A diferença da humidade relativa média da manhã foi inferior à diferença da humidade relativa média da tarde em ambos os anos de experimentação.

As horas de sol brilhante foram comparativamente mais baixas durante 2014, variando de 0,4 horas a 9,4 horas. Enquanto que, durante o ano de 2015, variaram entre 1,7 horas e 9,5 horas.

A precipitação total recebida durante o período de cultivo no ano de 2014 foi de 3366,20 mm, enquanto que no ano de 2015 foi de 2330,70 mm. A precipitação média durante o período experimental foi maior e igualmente distribuída em ambos os anos. Em suma, o clima durante ambos os anos foi favorável e adequado para o cultivo da cana-de-açúcar.

Depois de estudar os diferentes parâmetros meteorológicos durante as estações de *suru* de 2014 e 2015 (Tabela 1 e 2), observou-se que os diferentes parâmetros meteorológicos registados, *como* temperaturas máximas e mínimas, humidade relativa e precipitação, mostraram diferenças distintas em ambos os anos. As condições meteorológicas constantes e favoráveis, tais como a gama de temperaturas médias máximas óptimas, a humidade relativa média mais elevada durante as horas da manhã (RH-I) e durante as horas da tarde (RH-II) e a precipitação máxima bem distribuída no ano de 2015 durante o crescimento da cultura, o que se pode refletir em valores ligeiramente mais elevados de caracteres de crescimento e desenvolvimento, atributos de rendimento e rendimento da cana-de-açúcar.

Os dados meteorológicos revelaram que o clima era, em geral, favorável ao crescimento da cultura, sem a incidência de quaisquer pragas ou doenças importantes durante o período de crescimento da cultura. Assim, as diferenças observadas no crescimento deveram-se principalmente aos efeitos dos tratamentos. A análise do solo (quadro 3) indicou que a parcela experimental era de textura franco-argilosa, com um teor médio de azoto disponível (310,21 e 314,46 kg ha^{-1}) e baixo de fósforo disponível (10,18 e 10,72 kg ka^{-1}), um teor médio de potássio disponível (262,81 e 268,23 kg ha^{-1}), um teor elevado de carbono orgânico (0,96 e 0,98 %) e uma reação ligeiramente ácida (pH 6,01 e 6,03). O quadro 3 mostra claramente que o solo da parcela experimental era de textura franco-argilosa, ligeiramente ácido em reação e com elevado teor de carbono orgânico. O teor de azoto disponível era médio, o de fósforo disponível baixo e o de potássio disponível bastante elevado.

5.2 Efeito das configurações do terreno

Os dados apresentados na Tabela 7 revelaram que, as diferenças na porcentagem de sobrevivência por parcela líquida em todos os tratamentos não foram significativas devido a diferentes configurações de terra aos 60 DAP durante ambos os anos. Portanto, a variação no rendimento da cana de açúcar sob diferentes tratamentos não foi devido à população de plantas, mas foi devido apenas ao efeito do tratamento. A população de brotos por hectare não foi significativamente influenciada devido a diferentes configurações de terra aos 90 DAP, 135 DAP e 30 dias após o aterramento durante ambos os anos.

Os caracteres de crescimento da cana-de-açúcar, tais como a altura média da cana-de-açúcar, a área foliar por planta da cana-de-açúcar e a acumulação de matéria seca por planta da cana-de-açúcar não foram influenciados significativamente em todas as fases de crescimento da cultura devido às configurações do terreno em estudo. Numericamente mais altura de planta, área foliar e matéria seca foram registadas no tratamento de cumes e sulcos durante ambos os anos. Isto pode dever-se ao facto de o sistema de camalhões e sulcos ter a vantagem de drenar o excesso de água à volta da planta durante a estação das chuvas. Isto, por sua vez, proporcionou um arejamento adequado, espaço poroso para uma germinação correcta, emergência de plântulas e crescimento de raízes, o que, em última análise, aumentou a disponibilidade de nutrientes. Os resultados foram concordantes com os resultados relatados por Bhuller *et al.* (2002) e Lomate *et al.* (2006).

Além disso, devido às condições congênitas em sulcos e canteiros, as plantas tendem a ser fisiologicamente mais ativas, o que foi indicado no desempenho de crescimento e seu precursor foi refletido em atributos de rendimento e rendimento de cana-de-açúcar, portanto, o sumidouro *viz.,* comprimento de cana, circunferência de cana, número de entrenós e número de canas moíveis ha^{-1} , peso por cana moível, peso de topo verde por cana, peso de lixo por cana e produção total de biomassa por cana. O aumento da área fotossintética, que pode assimilar mais fotossintatos, e a relação entre fonte e sumidouro foram mantidos nos sulcos e nas cristas durante os dois anos. Estes resultados estão em estreita conformidade com os de Patil *et al.* (2010) e Lomate *et al.* (2006).

Os dados relativos aos estudos de rendimento, ou seja, o rendimento da cana moída, o peso do topo verde, o rendimento do lixo e o rendimento biológico da cana de açúcar na colheita não influenciaram significativamente devido às diferentes configurações do terreno. O método de cumes e sulcos registou valores mais elevados de rendimento da cana de açúcar. Isto pode ser devido à utilização adequada da água da chuva pela cultura, que melhorou o crescimento geral e os caracteres que atribuem rendimento e, finalmente, o rendimento. A avaliação realizada indicou que, devido à plantação em sulcos, a germinação de botões de olho, bem como o crescimento, não foi adversamente afetado pela chuva pesada e contínua, bem como pela água estagnada. O sulco entre dois camalhões também funciona como canal de drenagem através do qual o excesso de água é escoado para fora do campo, enquanto no final da monção, estes sulcos ajudam a conservar a humidade. Estas conclusões estão em conformidade com as conclusões de Kumar *et al.* (2014), Patil *et al.* (2010) e Lomate *et al.* (2006).

A percentagem de Brix no sumo, a percentagem de sacarose no sumo, a percentagem de pureza, a percentagem de açúcar de cana comercial no sumo e o açúcar de cana comercial (t ha^{-1}) foram considerados como parâmetros de qualidade. Não houve efeito significativo de diferentes configurações de terra na porcentagem brix da cana de açúcar, durante ambos os anos de experimentação. Foi registada uma percentagem de brix numericamente mais elevada no tratamento com o método de sulco em leito largo do que nos restantes tratamentos durante ambos os anos de estudo. No entanto, numericamente, a percentagem de sacarose no sumo, a percentagem de pureza do açúcar de cana comercial no sumo e o açúcar de cana comercial (t ha^{-1}) foram mais elevados nos sulcos e nas linhas. Resultados semelhantes foram encontrados por Singh e Singh (1984).

Além disso, a análise dos dados relativos aos teores de N, P e K indicou que os teores de nutrientes na cana-de-açúcar foram numericamente mais elevados nos tratamentos em sulcos e canteiros. Por outro lado, a absorção pela cultura da cana-de-açúcar registou valores mais elevados no caso da configuração do terreno em camalhões e sulcos. O efeito benéfico dos camalhões e dos sulcos pode dever-se à maior mobilidade de N, P e K no solo, uma vez que a quantidade ideal de água estava disponível nos camalhões e nos sulcos durante toda a estação de crescimento. Resultados semelhantes também foram registados por Singh *et al.* (2008).

A disponibilidade de N, P e K no solo após a colheita da cultura foi considerada não significativa devido às diferentes configurações do terreno durante os dois anos de estudo.

No caso da economia, observou-se que o tratamento sulcos e camalhões registou maiores rendimentos monetários brutos, custos totais de cultivo, rendimentos líquidos e rácio custo-benefício do que os restantes tratamentos. O aumento do rendimento líquido e do rácio custo/benefício nos sulcos e camalhões deveu-se principalmente a um maior rendimento. Resultados semelhantes foram também registados por Bashir *et al.* (2000), Singh *et al.* (2008), bem como por Singh e Brar (2015).

5.2 Efeito das técnicas de estabelecimento

As diferenças na porcentagem de sobrevivência por parcela líquida em todos os tratamentos mostraram um efeito não significativo devido às diferentes técnicas de estabelecimento aos 60 DAP durante ambos os anos. Portanto, a variação no rendimento da cana de açúcar sob diferentes tratamentos não foi devido à população de plantas, mas foi devido apenas ao efeito do tratamento. A população de brotos por hectare não foi significativamente influenciada devido a diferentes técnicas de estabelecimento aos 90 DAP, mas foi significativamente influenciada durante 135 DAP e 30 dias após o aterramento durante ambos os anos. Isto pode ser devido a condições de campo uniformes e pacotes agronómicos seguidos para as combinações de tratamento em estudo. Aos 135 DAP, o plantio de mudas de gema única cultivadas em solo + FYM na proporção de 1:1 registrou maior população de brotos, enquanto que aos 30 dias após o plantio, o plantio de mudas de gema única cultivadas em solo + vermicomposto na proporção de 1:1 registrou maiores valores de população de brotos. De facto, este grande número de rebentos não será convertido em população de caules moíveis. Cerca de um quarto dessa população será convertida em tamanho de cana moível e outros morrerão. Portanto, comparado ao plantio *in-situ*, o uso de mudas de gema única registrou uma população de brotos mais alta. Portanto, após o aterramento, uma vez que houve perfilhamento síncrono com crescimento uniforme de perfilhos formados inicialmente, a proporção máxima de brotos bem crescidos formados anteriormente será convertida em população de cana moída em comparação com o plantio *in situ* de dois pegamentos com gemas.

O rácio de perfilhamento foi mais elevado no tratamento de plantação de dois rebentos no campo (*in situ*). Além disso, a germinação melhorada no caso do solo médio + FYM seria devido ao aumento do espaço poroso por cento, melhor aeração e, portanto, atividades microbianas aprimoradas necessárias para a mineralização de nutrientes para a forma disponível, além de maior disponibilidade de hormônios promotores de crescimento vegetal. Achados semelhantes foram registados por Jamuna e Nazeer (2012).

A altura da planta aumentou com o avanço da idade da cultura e a altura máxima foi observada na plantação de mudas de gemas simples cultivadas no solo + FYM na proporção de 1:1 em todas as fases de crescimento da cultura durante ambos os anos de investigação. Seguiu-se a plantação de dois rebentos no campo (in situ) e a plantação de rebentos únicos criados no solo + vermicomposto na proporção de 1:1 em todas as fases de crescimento da cultura durante ambos os anos de estudo. A área foliar e a acumulação de matéria seca foram significativamente influenciadas em todas as fases de crescimento da cultura, exceto aos 60 e 120 DAP. Enquanto que aos 180, 240, 300 DAP e na colheita foram registados valores mais elevados com a plantação de estacas de um só gomo cultivadas no solo + FYM na proporção de 1:1, seguidos pela plantação de duas estacas de gomo no campo e plantação de estacas de um só gomo cultivadas no solo + vermicomposto na proporção de 1:1 durante ambos os anos de estudo. Isto deveu-se à maior quantidade de material alimentar reservado, humidade e hormonas de crescimento vegetal presentes em tamanho maior de pegamentos e colonos que se tornaram disponíveis para os pegamentos emergentes/crescentes na fase inicial.

Além disso, devido ao maior crescimento no tratamento de plantio de mudas de gema única cultivadas em solo + FYM na proporção 1:1, tende a plantas fisiologicamente mais ativas que foram indicadas no desempenho de crescimento e seu precursor foi refletido em atributos de rendimento e rendimento de cana de açúcar, portanto, a pia *viz.*, comprimento de cana, circunferência de cana, número de entrenós e número de canas moíveis ha^{-1} , peso por cana moível, peso de topo verde por cana, peso de lixo por cana e produção total de biomassa por cana. No entanto, o plantio de mudas de gemas simples cultivadas no solo + FYM na proporção de 1:1 foi seguido pelo plantio de duas mudas de gemas no campo e plantio de mudas de gemas simples cultivadas no solo + vermicomposto na proporção de 1:1 durante ambos os anos de estudo. O aumento da área fotossintética que pode assimilar mais fotossintatos durante ambos os anos. Isto pode ser devido ao fornecimento de uma grande quantidade de luz solar para produzir um maior teor de clorofila, o que permite às culturas fotossinteticamente mais activas e, por conseguinte, uma maior acumulação de matéria seca, o que se reflectiu no registo de valores superiores de parâmetros de crescimento. Também em comparação com a plantação *in situ*, foram observadas maior altura de planta, área foliar e matéria seca no caso dos diferentes meios de enraizamento em estudo. Isto deveu-se principalmente ao facto de o solo, por si só, ter a maior densidade aparente, a maior densidade de partículas e a menor percentagem de espaço poroso, o que provocou uma germinação tardia, resultando num crescimento deficiente das raízes, um menor número de $folhas^{-1}$ e mudas anãs. Além disso, a melhoria da altura das plantas, da área foliar e da produção de matéria seca no caso dos restantes meios de enraizamento deve-se às condições favoráveis dos meios de enraizamento, ou *seja*, maior percentagem de espaço poroso, melhor arejamento e, por conseguinte, melhores actividades microbianas necessárias para a mineralização de nutrientes para a forma disponível, para além de uma maior disponibilidade de hormonas de promoção do crescimento das plantas. Estes resultados estão em estreita conformidade com os de Alexander (1973), Silverio (1977) e Shinde (1984).

O rendimento é uma função dos atributos de crescimento e rendimento. A alta produção de matéria seca total foi o primeiro pré-requisito para um alto rendimento. Os dados relativos aos estudos de rendimento, *nomeadamente* o rendimento da cana moída, o peso do topo verde, o rendimento do lixo e o rendimento biológico da cana-de-açúcar na colheita apresentam um efeito significativo. Significativamente o maior rendimento de cana moível, peso do topo verde, rendimento de lixo e rendimento biológico de cana de açúcar foi registrado pelo tratamento de plantio de mudas de gema única criadas no solo + FYM na proporção 1:1 seguido pelo tratamento de plantio de duas mudas de gema no campo e plantio de mudas de gema única criadas no solo + vermicomposto na proporção 1:1. Isto deveu-se ao facto de as estacas enraizadas com meios de enraizamento terem sido transferidas para o campo, devido ao qual os microrganismos relacionados podem ter trabalhado para efeitos favoráveis na cultura através das suas actividades na rizosfera como rizomicróbios promotores do crescimento das plantas, que para além da fixação de nutrientes como o N, mineralizam os nutrientes nativos do solo para a forma disponível e resistem aos agentes patogénicos bacterianos e fúngicos no que diz respeito às suas actividades patogénicas para a cultura. O aumento dos atributos de rendimento pode dever-se ao aumento dos parâmetros de crescimento e desenvolvimento que, em última análise, resultaram num aumento do rendimento. Estes resultados corroboram as conclusões de Anonymous (2001), Treder (2008), Jain *et al.* (2010), Bhoopathi *et al.* (2000) e Shukla e Lal (2003).

No que diz respeito aos parâmetros de qualidade, a percentagem de brix no sumo, a percentagem de sacarose no sumo, a percentagem de pureza, a percentagem de açúcar de cana comercial no sumo e o açúcar de cana comercial (t ha^{-1}) registaram valores mais elevados no tratamento de plantação de pegamentos de gema única criados no solo + FYM na proporção de 1:1, seguido pela plantação de dois pegamentos de gema no campo e plantação de pegamentos de gema única criados no solo + vermicomposto na proporção de 1:1 durante ambos os anos. Estes resultados estão em estreita confirmação com os resultados relatados por Kale e Deshpande (1956) Matin *et al.* (1989b) Khan *et al.* (1998)

Além disso, o escrutínio dos dados em relação aos macronutrientes *viz.*, N, P, K indicou que, o conteúdo de nutrientes na planta de cana de açúcar não foi significativamente influenciado onde como a absorção total pela cultura foi maior no caso de M2 que foi seguido pela plantação de dois conjuntos de gemas no campo e plantação de conjuntos de gemas simples criados no solo + vermicomposto na proporção 1:1. A disponibilidade de N, P e K no solo após a colheita da cultura foi considerada não significativamente influenciada devido a diferentes técnicas de estabelecimento durante ambos os anos de estudo.

No caso da economia, observou-se que o tratamento de plantação de dois gomos no campo registou um custo total de cultivo mais elevado, enquanto se observaram rendimentos monetários brutos mais elevados, rendimentos líquidos e rácio custo-benefício no tratamento de plantação de gomos únicos criados no solo + FYM na proporção de 1:1. O aumento do rendimento líquido e do rácio custo-benefício na plantação de mudas de rebentos únicos cultivadas no solo + FYM na proporção de 1:1 deveu-se principalmente a custos de cultivo mais baixos e a uma maior produção agrícola. Resultados semelhantes foram também registados por Pawar *et al.* (1980) e Rahman *et al.* (1993).

5.4 Efeito das fontes de nutrientes

As diferenças na porcentagem de sobrevivência por parcela líquida em todos os tratamentos não foram significativamente influenciadas devido às diferentes fontes de nutrientes aos 60 DAP durante ambos os anos. Portanto, a variação na produção de cana-de-açúcar sob diferentes tratamentos não foi devida à população de plantas, mas foi devida apenas ao efeito do tratamento. A população de brotos por hectare foi significativamente influenciada devido a diferentes fontes de nutrientes aos 135 DAP e 30 dias após o aterramento durante ambos os anos, exceto aos 90 DAP. O tratamento de aplicação de 100 % RDF através de fertilizantes simples registou mais população de rebentos do que os restantes tratamentos. Além disso, o rácio de perfilhamento foi mais elevado no tratamento com 100 % de FTR através de fertilizantes simples do que no resto dos tratamentos.

Entre as várias fontes de tratamento de nutrientes, a aplicação de 100 % de FTR através de fertilizantes simples registou maior altura de planta, área foliar e acumulação de matéria seca, seguida do tratamento de aplicação de 75 % de FTR através de briquetes Konkan Annapurna modificados, que foram iguais entre si e significativamente superiores à aplicação de 50 % de FTR através de briquetes Konkan Annapurna modificados em todas as fases de crescimento e na colheita durante ambos os anos. Os nutrientes desempenham um papel muito importante na fisiologia da cultura e são essenciais para a transformação dos hidratos de carbono, regulam o consumo de açúcares e desempenham um papel importante na ativação das enzimas. Por conseguinte, é de salientar que a aplicação de macronutrientes na dose recomendada de 100% das taxas de aplicação melhorou significativamente o crescimento global da cultura em termos de produção de matéria seca por planta, em virtude do seu impacto nas componentes morfológicas e fotossintéticas, juntamente com a acumulação de nutrientes. Isto sugere uma maior disponibilidade de nutrientes e metabolitos para o crescimento e desenvolvimento da estrutura reprodutiva, o que, em última análise, levou a uma maior produtividade das plantas individuais. Estes resultados estão de acordo com os de Kolage *et al.* (2001), Shukla (2007) e Soomro *et al.* (2014).

Atributos de rendimento e rendimento de cana-de-açúcar *viz.,* comprimento de cana, circunferência de cana, número de entrenós e número de canas moíveis ha^{-1} , peso por cana moível, peso de topo verde por cana, peso de lixo por cana e produção total de biomassa por cana foi maior na aplicação de 100 % de fertilizantes diretos RDF seguidos pela aplicação de 75 % RDF através de briquetes Konkan Annapurna modificados e aplicação de 50 % RDF através de briquetes Konkan Annapurna modificados durante ambos os anos de estudo. O aumento da área fotossintética que pode assimilar mais fotossintatos durante ambos os anos. Isto pode dever-se ao fornecimento de nutrientes através dos quais pode ter aumentado o constituinte protoplasmático e acelerado o processo de divisão e alongamento celular. Estes resultados estão em estreita conformidade com os de Ingawale *et al.* (1992) e Kumar *et al.* (2006).

Significativamente o maior rendimento de cana (Tabela 23) foi encontrado na aplicação de

100 % RDF através de fertilizantes simples e aplicação de 75 % RDF através de briquetes Konkan Annapurna modificados que estavam a par um com o outro mas foi observado significativamente superior à aplicação de 50 % RDF através de briquetes Konkan Annapurna modificados. O aumento do rendimento da cana-de-açúcar pode ser explicado pela melhoria significativa dos atributos de rendimento que finalmente se converteram em rendimento. Resultados semelhantes foram registados por Islam *et al.* (2011), More *et al.* (2012) e Kumar *et al.* (2013).

Na análise conjunta, o aumento significativo do rendimento biológico em relação a F3 devido às fontes de nutrientes F1 e F2 foi de 13,65 e 8,37 por cento, respetivamente.

Além disso, a análise dos dados em relação aos macronutrientes, *ou seja*, o conteúdo de N, P e K, indicou que o conteúdo de nutrientes na planta de cana-de-açúcar foi mais elevado, enquanto a absorção e a absorção total pela cultura mostraram significativamente o mais alto no tratamento de aplicação de 100 % de FTR através de fertilizantes simples, seguido pelo tratamento de aplicação de 75 % de FTR através de briquetes Konkan Annapurna modificados, que foram iguais entre si, mas foram significativamente superiores à aplicação de 50 % de FTR através de briquetes Konkan Annapurna modificados. Isto pode ser devido à libertação de uma quantidade suficiente de nutrientes por mineralização a um nível constante e prontamente disponível pela aplicação de NPK através de fertilizantes.

O aumento da absorção desses nutrientes pela cana-de-açúcar foi devido ao aumento da cana moída e do rendimento do topo verde e do conteúdo de N, P e K da cana-de-açúcar sob as diferentes fontes de fertilizante. O aumento na disponibilidade desses nutrientes após a colheita da cana-de-açúcar pode ser devido à mineralização e melhoria em N, P2O5 e K2O devido à liberação lenta e menos perdas de lixiviação dos nutrientes. Resultados semelhantes também foram relatados por Prabhakar *et al.* (2014) e More *et al.* (2012). Isto pode dever-se à rápida e melhor utilização dos nutrientes através da aplicação no solo. Resultados semelhantes foram também registados por Keshavaiah *et al.* (2015).

A disponibilidade de macro (N, P e K) no solo após a colheita da cultura também não foi significativamente influenciada pelas diferentes fontes de nutrientes em ambos os anos de investigação.

A economia de diferentes fontes de nutrientes mostrou que, maiores retornos monetários brutos e custos de cultivo foram obtidos pelo tratamento de aplicação de 100 % de FTR através de fertilizantes simples, seguido pelo tratamento de aplicação de 75 % de FTR através de briquetes Konkan Annapurna modificados, que foram iguais entre si, mas significativamente superiores à aplicação de 50 % de FTR através de briquetes Konkan Annapurna modificados. Estes parâmetros económicos mais elevados deveram-se a uma melhoria significativa do rendimento da cana-de-açúcar. Resultados semelhantes foram também registados por More e Shinde (2000) e Deshmukh *et al.* (2014).

O rácio benefício-custo máximo foi obtido pelo tratamento de aplicação de 100 % de CDR através de fertilizantes simples, seguido pela aplicação de 75 % de CDR através de briquetes Konkan Annapurna modificados. A relação custo-benefício mais baixa foi registada pela aplicação de 50 % de CDR através de briquetes Konkan Annapurna modificados durante ambos os anos de experimentação.

5.5 Efeitos da interação entre a configuração do terreno, as técnicas de implantação e as fontes de nutrientes

a. Configuração do terreno X Técnicas de estabelecimento

Os efeitos da interação entre a configuração do terreno e as técnicas de estabelecimento tiveram um efeito significativo em relação à população de rebentos aos 135 DAP em ambos os anos. A combinação de tratamento C1M1 registou a maior população de rebentos em relação ao resto das combinações de tratamento durante ambos os anos.

Os efeitos de interação entre as configurações do terreno X técnicas de estabelecimento registaram a maior acumulação de matéria seca na colheita na combinação de tratamento C1M2 durante o ano de 2014 e 2015.

b. Configuração do terreno X Fontes de nutrientes

O efeito de interação entre a configuração do terreno x fontes de nutrientes foi significativo no que diz respeito à produção total de biomassa por cana, rendimento de cana moída e rendimento biológico (t ha^{-1}) durante ambos os anos e nos dados agrupados. A combinação de tratamento C1F1 registou a maior produção total de biomassa por cana, rendimento de cana moível e rendimento biológico em relação às restantes combinações de tratamento durante ambos os anos e nos dados agrupados. Por outro lado, o açúcar comercial de cana foi maior na combinação de tratamento C1F2 em 2014 e na combinação de tratamento C1F1 em 2015 e nos dados agrupados.

c. Técnicas de estabelecimento X Fontes de nutrientes

No caso do efeito de interação entre técnicas de estabelecimento X fontes de nutrientes, a combinação de tratamento M2F1 registou a maior população de rebentos em relação às restantes combinações de tratamento durante ambos os anos.

O efeito de interação entre técnicas de estabelecimento x fontes de nutrientes foi significativo para ambos os anos de estudo no que diz respeito ao número de canas moídas por hectare e à produção total de biomassa por cana. Durante ambos os anos, a combinação de tratamento M2F1 registou um maior número de canas moídas por hectare durante o ano de 2014 e 2015 e a produção total de biomassa por cana durante ambos os anos e nos dados agrupados.

5.6 Economia das combinações de tratamento

Os dados relativos ao custo de cultivo, ao rendimento bruto, ao rendimento líquido e ao rácio B: C, influenciados pelas diferentes combinações de tratamentos, ilustram que o custo de cultivo mais elevado foi registado na combinação de tratamentos C1M1F1, que foi de ₹2,96,235 e ₹2,98,074 ha^{-1}
, respetivamente
durante os anos 2014-15 e 2015-16. O menor custo de cultivo foi registado pela combinação de tratamentos C3M2F3, que foi ₹2,57,712 e ₹2,58,392 ha^{-1} ,
durante 2014-15 e 2015-16, respetivamente. Os maiores rendimentos monetários brutos foram registados pela combinação de tratamentos C1M2F1, que foi ₹3,84,986 e ₹

3,89,064 ha^{-1} durante os anos de 2014-15 e 2015-16, respetivamente. No entanto, os menores retornos monetários brutos foram observados sob a combinação de tratamento de C3M3F3 *i.e.* ₹2,49,902 ai id ₹2.49.977 ha^{-1}, durante os anos 2014-15 e 2015-16. O
A combinação de tratamento C1M2F1 registou os maiores retornos monetários líquidos de ₹ 95959 e ₹99357 ha^{-1} durante 2014-15 e 2015-16, respetivamente. Além disso, o
Os rendimentos monetários líquidos mais baixos de ₹281 em C3M3F2 e ₹929 ha^{-1} em C2M3F1 foram
registados durante os anos de 2014-15 e 2015-16, respetivamente.

O rácio B: C mais elevado, de 1,33 e 1,34, foi registado pela combinação de tratamentos C1M2F1 em relação às restantes combinações de tratamentos, mas foi seguido pela combinação de tratamentos C3M2F1, que registou o rácio custo-benefício de 1,27 e 1,28 durante os anos de 2014-15 e 2015-16, respetivamente. No entanto, a combinação de tratamento de C3M3F2, registou os rácios B: C mais baixos, de 1,00 e 1,01, durante os anos de 2014-15 e 2015-16, respetivamente. Os presentes resultados estão em consonância com os de Keshavaiah *et al.* (2012) e Soomro *et al.* (2013

RESUMO E CONCLUSÃO

A presente investigação "Efeito das configurações do terreno, técnicas de estabelecimento e fontes de nutrientes na cana-de-açúcar *suru* em condições de *konkan*" foi conduzida na Faculdade de Agricultura de Dapoli, Fazenda Agronómica, durante os anos de 2014-15 e 2015-16. O solo da parcela experimental era argiloso em textura, ligeiramente ácido em reação com elevado teor de carbono orgânico. Tinha um teor médio de azoto disponível, baixo teor de fósforo disponível e médio teor de potássio disponível.

A experiência de campo foi efectuada num esquema de parcelas divididas em faixas, com 36 combinações de tratamentos, repetidas três vezes. As faixas horizontais consistiam em três configurações de terreno. As faixas verticais consistiam em quatro métodos de estabelecimento e três fontes de nutrientes.

Durante o curso da presente investigação, a observação dos caracteres de crescimento foi registada periodicamente e os caracteres que contribuem para o rendimento e o rendimento da cana-de-açúcar foram registados na colheita. A análise química da planta foi realizada na colheita para determinar o conteúdo de nutrientes e a absorção de macronutrientes (kg ha^{-1}) para avaliar os efeitos do tratamento. As principais conclusões registadas durante o curso das investigações são resumidas abaixo.

Efeito das configurações do terreno

1. As diferenças na percentagem de sobrevivência por parcela de rede em todos os tratamentos não foram significativas devido às diferentes configurações do terreno aos 60 DAP durante os dois anos.

2. A população de rebentos por hectare não foi significativamente influenciada pelas diferentes configurações do terreno aos 90 DAP, 135 DAP e 30 dias após o amontoamento, em ambos os anos.

3. Os caracteres que atribuem crescimento à cana-de-açúcar, *ou seja*, a altura média, a área foliar e a produção de matéria seca da cana-de-açúcar não foram influenciados significativamente em todas as fases de crescimento da cultura devido às configurações do terreno em estudo.

4. Os caracteres que contribuem para o rendimento, *nomeadamente*, o comprimento da cana, a circunferência da cana, o número de entrenós e o número de canas moídas ha^{-1} , o peso por cana moída, o peso do topo verde por cana, o peso do lixo por cana e a produção total de biomassa por cana não foram influenciados significativamente devido a diferentes

configurações do terreno na colheita.

5. Os dados relativos aos estudos de rendimento, ou seja, rendimento de cana moída, peso do topo verde, rendimento de lixo e rendimento biológico da cana de açúcar na colheita não foram influenciados significativamente durante ambos os anos e nos dados agrupados.

6. A percentagem de Brix no sumo, a percentagem de sacarose no sumo, a percentagem de pureza, a percentagem de açúcar de cana comercial no sumo e o açúcar de cana comercial (t ha^{-1}) não influenciaram significativamente devido às diferentes configurações do terreno durante ambos os anos e nos dados agrupados.

7. O teor de macronutrientes, *ou seja,* azoto, fósforo e potássio, em
A cana-de-açúcar não foi influenciada significativamente pelas várias configurações do terreno em estudo durante os dois anos.

8. As diferentes configurações do terreno influenciaram significativamente a absorção dos principais nutrientes durante os dois anos. Os tratamentos em camalhões e sulcos registaram uma maior absorção dos principais nutrientes, *nomeadamente o* azoto, o fósforo e o potássio, pela cana-de-açúcar e a sua absorção total durante os dois anos de investigação.

9. A disponibilidade de macronutrientes (azoto, fósforo e potássio) no solo após a colheita da cultura não foi influenciada significativamente devido às diferentes configurações do terreno durante os anos de 2014 e 2015.

10. O rendimento bruto mais elevado foi registado no tratamento de sulcos e camalhões, seguido do sulco de leito largo durante os dois anos de estudo.

11. Os maiores retornos monetários líquidos e a relação custo-benefício da cana-de-açúcar foram obtidos com o tratamento de sulcos e camalhões, seguidos pelo tratamento de sulcos de leito largo em ambos os anos.

Efeito das técnicas de estabelecimento

1. As diferenças na percentagem de sobrevivência por parcela de rede em todos os tratamentos não foram significativas devido a diferentes técnicas de estabelecimento aos 60 DAP durante ambos os anos.

2. A população de brotos por hectare não foi significativa devido às diferentes técnicas de estabelecimento aos 90 DAP, e foi maior com o plantio de mudas de broto único cultivadas no solo + F.Y.M. na proporção de 1:1 aos 135 DAP e com o plantio de mudas de broto único cultivadas no solo + vermicomposto na proporção de 1:1 aos 30 dias após o plantio durante

os dois anos.

3. Os caracteres de crescimento da cana-de-açúcar, *ou seja,* a altura média, a área foliar e a produção de matéria seca da cana-de-açúcar foram maiores no tratamento de plantio de mudas de gema única cultivadas no solo + F.Y.M. na proporção de 1:1 em todos os estágios de crescimento da cultura.

4. Os caracteres que contribuem para a produção, *como o* comprimento da cana, a circunferência da cana, o número de entrenós e o número de canas moídas ha^{-1} , o peso por cana moída, o peso do topo verde por cana, o peso do lixo por cana e a produção total de biomassa por cana foram máximos com o plantio de mudas de gema única cultivadas em solo + F.Y.M. na proporção de 1:1.

5. Os dados referentes aos estudos de rendimento, ou seja, rendimento de cana moída, peso de topo verde, rendimento de lixo e rendimento biológico da cana de açúcar na colheita foram significativamente influenciados e foram maiores no tratamento de plantio de mudas de gema única cultivadas no solo + F.Y.M. na proporção de 1:1 durante ambos os anos e nos dados combinados.

6. Percentagem de Brix no sumo, percentagem de sacarose no sumo, percentagem de pureza comercial

A percentagem de açúcar de cana em sumo e o açúcar de cana comercial (t ha^{-1}) não influenciaram significativamente devido a diferentes técnicas de estabelecimento durante ambos os anos e nos dados agrupados.

7. O conteúdo de macro nutrientes, *ou seja,* nitrogénio, fósforo e potássio na cana-de-açúcar não foi influenciado significativamente por várias técnicas de estabelecimento em estudo durante ambos os anos.

8. Diferentes técnicas de estabelecimento influenciaram significativamente a absorção dos principais nutrientes durante os dois anos. O tratamento de plantio de mudas de gema única cultivadas no solo + F.Y.M. na proporção de 1:1 registrou maior absorção dos principais nutrientes, *como* nitrogênio, fósforo e potássio pela planta de cana-de-açúcar e absorção total durante os dois anos de investigação.

9. Disponibilidade de macronutrientes (azoto, fósforo e potássio) no solo

após a colheita da cultura foi considerado não significativo devido a diferentes técnicas de estabelecimento durante os anos de 2014 e 2015.

10. Foi registado um maior rendimento bruto no tratamento de plantação de mudas de um só gomo cultivadas no solo + F.Y.M. na proporção de 1:1, seguido da plantação de duas mudas de gomo no campo durante ambos os anos de estudo.

11. Os maiores retornos monitórios líquidos e a relação custo-benefício da cana de açúcar foram dados pelo tratamento de plantio de mudas de gema única cultivadas no solo + F.Y.M. na proporção de 1:1 seguido pelo tratamento de plantio de duas mudas de gema no campo durante ambos os anos.

Efeito das fontes de nutrientes

1. As diferenças na percentagem de sobrevivência por parcela de rede em todos os tratamentos não foram significativas devido às diferentes fontes de nutrientes aos 60 DAP durante os dois anos.

2. A população de rebentos por hectare não foi significativa devido às diferentes fontes de nutrientes aos 90 DAP, e foi maior com a aplicação de 100 % de FTR através de fertilizantes simples aos 135 DAP e aos 30 dias após o amontoamento durante ambos os anos.

3. Os caracteres que atribuem crescimento à cana-de-açúcar, a altura média, a área foliar e a produção de matéria seca da cana-de-açúcar foram mais elevados no tratamento de aplicação de 100 % FTR através de fertilizantes simples em todas as fases de crescimento da cultura devido às fontes de nutrientes em estudo.

4. Os caracteres que contribuem para o rendimento, *como o* comprimento da cana, a circunferência da cana, o número de entrenós por cana, o número de canas moídas por hectare, o peso por cana moída, o peso do topo verde por cana, o peso do lixo por cana e a produção total de biomassa por cana, tiveram uma contribuição máxima com a aplicação de 100 % de FTR através de fertilizantes simples, seguida da aplicação de 75 % de FTR através de briquetes Konkan Annapurna modificados.

5. Os dados relativos aos estudos de rendimento, ou *seja,* o rendimento da cana moída, o peso do topo verde, o rendimento do lixo e o rendimento biológico da cana de açúcar na colheita foram mais elevados no tratamento de aplicação de 100 % de FTR através de fertilizantes simples, seguido pela aplicação de 75 % de FTR através de briquetes Konkan Annapurna modificados durante ambos os anos e nos dados agrupados.

6. A percentagem de Brix no sumo, a percentagem de sacarose no sumo, a percentagem de pureza, a percentagem de açúcar de cana comercial no sumo não influenciaram significativamente devido às diferentes fontes de nutrientes durante ambos os anos e nos dados agrupados, enquanto o açúcar de cana comercial foi mais elevado na aplicação de 100 % FTR através de

fertilizantes simples.

7. O conteúdo de macronutrientes, *ou seja,* nitrogénio, fósforo e potássio na cana-de-açúcar não foi influenciado significativamente por várias fontes de nutrientes em estudo durante ambos os anos.

8. Diferentes fontes de nutrientes influenciaram significativamente a absorção dos principais nutrientes durante ambos os anos. A aplicação de 100 % de FDN através de fertilizantes simples registou uma maior absorção dos principais nutrientes, *nomeadamente* azoto, fósforo e potássio, pela planta de cana-de-açúcar e a absorção total durante os dois anos de investigação.

9. A disponibilidade de macronutrientes (nitrogênio, fósforo e potássio) no solo após a colheita da cultura foi maior no tratamento com aplicação de 100 % de RDF através de fertilizantes simples durante os anos de 2014 e 2015.

10. O maior rendimento bruto foi registado pelo tratamento com aplicação de 100 % de FTR através de fertilizantes simples, seguido pela aplicação de 75 % de FTR através de briquetes Konkan Annapurna modificados durante ambos os anos de estudo.

11. Os maiores retornos monetários líquidos e rácio custo-benefício da cana-de-açúcar foram dados pelo tratamento, aplicação de 100 % de FTR através de fertilizantes simples, seguido pelo tratamento de aplicação de 75 % de FTR através de briquetes Konkan Annapurna modificados durante ambos os anos.

Economia das combinações de tratamento

O custo de cultivo mais elevado foi registado na combinação de tratamentos C1M1F1 e o custo de cultivo mais baixo foi registado na combinação de tratamentos C3M2F3, em 2014-15 e 2015-16, respetivamente.

Os rendimentos monitórios brutos mais elevados foram registados pela combinação de tratamentos C1M2F1, enquanto os rendimentos monitórios brutos mais baixos foram observados na combinação de tratamentos C3M3F3 durante os anos 2014-15 e 2015-16.

A combinação de tratamentos C1M2F1 registou os maiores rendimentos líquidos monitórios em 2014-15 e 2015-16, respetivamente, e os menores rendimentos líquidos monitórios em C2M3F1.

O maior rácio B: C mais elevada foi registada pela combinação de tratamento C1M2F1 em relação às restantes combinações de tratamento, mas foi seguida pela combinação de tratamento C3M2F1, que registou a relação custo-benefício de 1,27 e 1,28 durante os anos 2014-15 e 2015-16, respetivamente.

CONCLUSÕES

Com base no presente inquérito, podem ser tiradas as seguintes conclusões gerais.

1. Para obter maior crescimento, produtividade, qualidade, retorno líquido e maior benefício da variedade de cana-de-açúcar *Co. 92005,* ela deve ser cultivada em fileiras emparelhadas em sulcos e sulcos com irrigação por gotejamento.
2. O assentamento de gema única criado no solo + FYM na proporção de 1:1 deve ser usado para obter maior crescimento, rendimento, qualidade, retorno líquido e maior benefício da variedade de cana-de-açúcar *Co. 92005.*
3. A variedade de cana-de-açúcar *Co. 92005* deve ser fertilizada com a dose recomendada de fertilizantes (250:125:125 NPK kg ha'¹) através de fertilizantes simples para obter maior crescimento, rendimento, qualidade, retorno líquido e maior benefício.

Literatura citada

Achieng, G.O., Nyandre, S.O., Owuor, P.O., Abayoand, G.O. e Omondi, C.O. (2013). Efeitos da taxa e da aplicação dividida de fertilizantes nitrogenados no rendimento de duas variedades de cana-de-açúcar da cultura de soca. *Greener J. Aric. Sciences* **3**(3): 235-239

Afegão, S. (1996). Impacto dos padrões de plantação e gestão de nutrientes na agrofisiologia da cana-de-açúcar. Tese de doutoramento apresentada à Universidade de Agricultura, Faisalabad, Paquistão.

Ahmed A.O. e Ahmed O. (2012). Padrão de correlação entre características morfológicas e bioquímicas em relação à capacidade de perfilhamento em cana-de-açúcar (*Saccharum spp*). *Academic J. Plant Sciences* **5**(4): 119-122.

Ahmed, S., Rahman, M.M., Khanam, F., Hossain, A.K.M.M. e Zaman, A.K.M.M. (1995). Estudo económico comparativo da cana-de-açúcar cultivada com tecnologia de transplantação convencional e espaçada. *Bangladesh J. Sugarcane*. **17**: 54-58.

Alexander, A.G. (1973). Sugarcane Physiology, Elsevier, Amsterdam. Publ. Co. New York. 203-209.

Almubarak, N.F., Al-Calabi, F.T., AlaAl-Janabi e Singh, I. (2012). Efeito dos herbicidas no controlo das ervas daninhas e no rendimento da cana-de-açúcar. *Ind. J. Weed Sci.* **44**(4): 255-258.

Anónimo (1976). Circular No. SDS/3675/11704-Q. 2 datada de 26th abril de 1976 do Sugarcane Development Officer, Department of Agriculture, M.S. Pune-1

Anónimo (1978). Relatório técnico do projeto de investigação coordenado por toda a Índia sobre cana-de-açúcar. Ensaio sobre Agronomia da plantação tardia de cana-de-açúcar pp. 5-8

Anónimo, (1981). Experimento para estudar o efeito de datas de plantio e taxas de sementes no crescimento, rendimento e qualidade da cana-de-açúcar variedade C0 62175. Boletim de pesquisa: 1-2.

Anónimo (1993). Lavoura para mericlones de cana-de-açúcar. Sugarcane Breeding Institute, Coimbatore, Quarterly News Letter, 12:1-3.

Anónimo, (2000). Resposta de plântulas de cultura de tecidos em diferentes geometrias de plantio e níveis de fertilizantes sob irrigação por gotejamento. Relatório do Comité de Revisão da Investigação, Padegaon, Agro SRS: 7-17.

Anónimo. (2001). Efeito do espaçamento para plântulas cultivadas em tecido na produção e qualidade da cana-de-açúcar em Kolhapur. Relatório do Comité de Revisão da Investigação, Padegon, AgroSRS:23-26.

Anónimo (2012). 36th Relatório Anual. VSI, Manjari (Bk), Pune.

Anônimo (2013). Uma técnica promissora para a multiplicação de sementes de cana-de-açúcar. IISR, Lucknow. Pasta 2013.

Anónimo (2015). Departamento de Alimentação e Distribuição Pública (para a produção de açúcar) e Estatísticas Agrícolas e Inquérito Económico de Maharashtra.

Bashir S., Muhammad S., Abdul G., Zulfiqar A. e Rana M.Z.K. (2000). Análise dos aspectos económicos do cultivo da cana-de-açúcar de outono em diferentes padrões de plantação e densidades de sementeira. *Int. J. Agri. Biol.* **2**(4): 322325

Bhatnagar, A. e Saini, S.K. (2005). Efeito da geometria de plantação e dos níveis de fertilizante no crescimento, rendimento e absorção de nutrientes na cana-de-açúcar tardia de primavera sob o sistema de transplante de sacos múltiplos. *Indian Sugar.* pp. 859-865.

Bhoopathi, R., Kumar, P. e Panneersefvam, P. **(2000).** Estudos sobre brotação de gemas e produtividade em cana de semente. Resumo alargado: International Conf, on ManagingNatural resources realizada em Nova Deli, 14-18 Fev.: 1274-1276.

Bhosale, D.B. (1949). Método Rajoong de plantação de cana-de-açúcar. Documento técnico 6th Convenção da Deccan Sugar Technologist's Association.

Bhullar, M.S., Saini, L.K., Kapur, M.L. e Singh, S. (2002). Efeito do método e da densidade de plantação no crescimento e rendimento da cana-de-açúcar plantada tardiamente. *Sugar Tech* Volume **4**(3-4): 181-184.

Bhullar, M.S., Thind, K.S., Uppal, S.K. e Singh, K. (2008). Productivity, profitability and quality of sugarcane (*Saccharum spp.*) plant ratoon system in relation to planting methods and seeding rate *Indian J. Agronomy,* **53**(3): 195-199.

Black, C.A. (1965). Métodos de análise do solo, Parte II, Amer. Soc. Agron. Inc., Madison, Wisconsin, U.S.A.

Brays, R.H. e Kurtz, L.T. (1945). Determinação do total de formas orgânicas e disponíveis de fósforo no solo. *Soil Sci. J.*, **59**: 39-45.

Chand, M., Khippal, A., Singh S., Lal, R. e Singh, R. (2011). Efeito do material de plantação e da taxa de sementeira na cana-de-açúcar plantada em covas (*Saccharum spp.*

Hybrid complex) na Índia subtropical. *Indian J. Agronomy.* **56**(1): 78-82.

Chavan, P.P., Ingole, P.G., Khakre, M.S. e Karunakar, A.P. (2011). Efeito do espaçamento entre linhas e dos níveis de fertilizante no crescimento, rendimento e qualidade da cana-de-açúcar pré-sazonal sob o sistema de transplante de sacos de polietileno. *Proc. de 10th Joint Conv.of STAI andDSTA* :148-166.

Deshmukh, S.U., Potdar, D.S. e Pawar, S.M. (2014). Gestão de nutrientes através de briquetes NPK para a soqueira de cana-de-açúcar. *International J. Current Research* **6**(8): 8214-8216.

Dongale, J.M., Patil, B.P., Khanvilkar, S.A. e Chavan, A.S. (1987). Physical properties of lateritic soils in relation to their irrigability classification (Propriedades físicas dos solos lateríticos em relação à sua classificação de irrigabilidade). *J. Mah. Agric, Univ.* **12**(1): 6-8.

Gaikwad, B. H. e Sundara, B. (1993). Efeito do método de plantação, regulamentos de crescimento de plantas e nutrientes na cana-de-açúcar de curta duração. *J. Maharashtra Agric, Univ.,* 18(1): 62-64.

Ghaffar A., Ehsanullah, Nadeem A., Sultan H.K., Khawar J., Rafi Qamar Hashmi, AsifIqbal e Muhammad A.A. (2000). Efeito do espaçamento entre trincheiras e micronutrientes no crescimento e rendimento da cana-de-açúcar (*Saccharum officinarumL.). Aust. J. Crop Sci.* **6**(1): 1-9

Gupta, M. R. (1999). A técnica do saco de polietileno na cultura da cana-de-açúcar. Indian Sugar., XL IX (5): 599-604.

Imam, S.A., Hossain, A.H.M.D., Rahman, M.H. e Islam, M.N. (1982). Efeito do plantio normal e espacial de broto de olho único e broto germinado de olho único na produção de cana-de-açúcar. *Bangladesh J. Sugarcane* **4**: 21-27.

Ingawale, H.Y., Chavan, U.D. e Patil, N.D. (1992). Efeitos do fertilizante NPK equilibrado no rendimento e na qualidade do sumo da cana-de-açúcar. *J. Maharashtra Agric, Univ.*, 17(1): 6-9.

Islam, M.S., Rahman, F. e Hossain, A.T.M.S. (2011). Efeitos do briquete NPK no arroz (Oryza sativa) no ecossistema inundado pelas marés. *The Agriculturists.* **9**(1-2): 37-43.

Jackson, M.L. (1973). Soil Chemical Analysis, Wisconsin Prentice Hall of India Pvt. Ltd., New Delhi. pp. 46 e 128. 46 e 128.

Jain, R., Solomon, S., Shrivastava, A.K. e Chandra, A. (2010). Sugarcane bud chip: Um material de semente promissor. *Sugar Tech.* 12(1): 67-69.

Jamuna, E. e Nazeer A.S. (2012). Padronização média para a criação de mudas de brotos de chip sob a iniciativa de cana-de-açúcar sustentável - uma nova abordagem. *Bhartiya Sugar/* novembro de 2012, 9-15.

Joshi, S. e Zende, N. A. (1999). Efeito do método de plantio e idade de assentamento para transplante de rendimento de açúcar de cana. SISSTA *Sugar Journal,* 24:41-43.

Kadlag, A.D., Jadhav, A.B. e Deokate, R.N. (2011). Influência das variedades de cana-de-açúcar e das técnicas de plantação no rendimento, na qualidade e na absorção de nutrientes em solos salinos sódicos. *J. Agric. Res. Technol.* **36**(1): 132-134

Kale, K.S. e Deshpande, P.V. (1956). Estudos em rebentos de gemas e pegamentos de plântulas de cana-de-açúcar. *Int. Soc. Sugarcane Tech.* 9th Congress, India.

Kathiresan, G. e Servaraj, N. (1998). Influência dos materiais de plantação e do espaçamento entre linhas na população e rendimento da cana. *Co-op. Sugar.,* 29(8): 549-551.

Keshavaiah K.V., Palled, Y.B. e Shankaraiah, C. (2015). Efeito das práticas de gestão de nutrientes com duas variedades de cana-de-açúcar no rendimento e na qualidade da cana-de-açúcar e do jaggery na área de comando de Cauvery. *International J. Tropical Agriculture* **33**(2): 789

Keshavaiah K.V., Palled, Y.B., Shankaraiah, C., Channal, H.T, Nandihalli, B.S e Jagadeesha, K.S. (2012). Efeito das práticas de gestão de nutrientes na dinâmica dos nutrientes e no desempenho da cana-de-açúcar. *Karnataka J. Agric. Sci.,* **25**(2): 187-192.

Khan, N.U., Pal, S.K. e Hossain, A.H.M.D. (1998). Desempenho comparativo de diferentes técnicas de plantio e transplante de cana-de-açúcar em condições de irrigação e chuva. *Bangladesh J. Sugarcane.* 18-20: 61-64.

Kharkar, N.C. e Kulkarni, P.B. (1957). Estudos futuros sobre a plantação de gemas de olho único. *Proc.* 4 Ann. Convn. DATA. part-L PP-81-93.

Kolage, A.K., Pilani, M.S., Munde, M.S. e Bhoi, P.G. (2001). Efeito dos níveis de fertilizante no rendimento e na qualidade do novo genótipo de cana-de-açúcar. Indian Sugar (6): 375-

378.

Kumar, L.G. Singh, S., Chandra, A., Bhatnagar, A. e Raverkar, K.P. (2014). Rendimento, qualidade e eficiência da utilização da água de irrigação na cana-de-açúcar (*Saccharum officinarum*) como influenciado pela lavoura pré-plantação e métodos de estabelecimento de culturas no cinturão tarai de Uttarakhand. *Indian J. Agronomy,* **59**(1): 175-178.

Kumar, N., Kumar, R. e Sinha, U.P. (2010). Padrão de acumulação de matéria seca e rendimento de açúcar da cana-de-açúcar (*Saccharum officinarum* L.) influenciado pela nutrição com fósforo e enxofre. *Indian J. Sugarcane Technology*. **25**(1&2): 5-8.

Kumar, S., Kumar, V., Kumar, A., Kumar, S. e Kumar, N. (2013). Análise do rendimento e da qualidade da cana-de-açúcar plantada na primavera, influenciada pelo manejo de nutrientes e ervas daninhas. *Indian J. Weed Science* **45**(2): 120125.

Kumar, S., Rana, N.S., Singh, R. e Singh, A. (2006) Production potential of spring sugarcane as influenced by intercropping of dual purpose legumes under tarai conditions of Uttarakhand. *Indian J. Agronomy* **51**(4): 271-273.

Kumaran. S.T. e Sangeetha. (2011). Iniciativa Sustentável para a Cana-de-Açúcar (SSI). *AGROBIOS.X* (4): 22-23.

Lai, N. e Krishna, R. (1997). Comparação de rendimento na cultura de cana-de-açúcar criada a partir de cana de semente convencional e derivada de mericlone. *Indian Sugar*, VII (8): 617-621.

Lomte, D.M., Umate, M.G. Kausale, S.P. e Kote, G.M. (2006). Efeito de diferentes configurações do terreno na produção de soja (Glycine max (l) merrill.) Genotypes under rainfed condition- *Legume Res.,* **29**(4): 29 -297.

Mali, A.L. e Singh, P.P. (1985). Efeito da variação do espaçamento entre linhas no rendimento de variedades seleccionadas de cana-de-açúcar. *Indian Sugar.,* 3:117-121.

Matin, M.A., Rahman, A.B.M.M., Ali, M.Y., Miah, M.A.S. e Hossain, M.A. (1989). Efeito de diferentes técnicas de plantação no perfilhamento e na produtividade da cana-de-açúcar. *Bangladesh J. Sugarcane.* 11: 97-102.

More, N.B. e Shinde, B.N. (2000). Efeito do briquete de fertilizante NPK na cana-de-açúcar. *Bharatiy Sugar*. Edição de outubro de 2000: 17-27.

More, N.B., Deshmukh, S.U. e Pol, K.M. (2012). Efeito do briquete NPK no rendimento e na qualidade da cana-de-açúcar. *J. Agric. Res. Technology* **37**(3): 353358.

More, N.B., Pharande, A.L e Bhoi, P.G. (2004). Efeito do briquete de fertilizante NPK no rendimento e na qualidade da cana-de-açúcar em solos encolhidos de Maharashtra. *Indian J. Sugarcane Techno.* **19**(1 and2): 27-34.

Muhammad M., Muhammad Iqbal e Muhammad Tayyab (2005). Desempenho comparativo da produtividade da cana-de-açúcar (*Saccharum officinarum* L.) semeada em diferentes padrões de plantação no campo do agricultor *Pak. J. Agri. Sci.*, **42**(3-4).

Nagai, J.P. e Harris, J.P. 1990. Avaliação do crescimento do H-78-0292 a partir de sementes convencionais e de rmcro-propágulos. Hawiin Sugar. Associação de plantadores. Ann. Rep. 43-44.

Naidu, K.M. (1986). Procedimentos de seleção em ensaios de variedades de cana-de-açúcar, 4-29.

Narendranath, M. (2000). Custo-eficácia do transplante de plantas de cana-de-açúcar criadas em viveiro em plantações comerciais de açúcar. *Ind J Agron.* pp. 332-333.

Natarajan, U.S. (2011). Tillering in SSI- emergência, factores que afectam, constrangimentos e soluções. Primeiro Seminário Nacional sobre a iniciativa cana-de-açúcar sustentável, SSI. Uma metodologia para melhorar a produtividade da cana. 21-23.

Nguyen T.M, Preston, T.R., Dinh van Binh, Le Viet Ly e Ingvar Ohlsson (1996). Efeito das práticas de gestão no rendimento e na qualidade da cana-de-açúcar e na fertilidade do solo. Seminário nacional sobre produção animal sustentável com base nos recursos alimentares locais da Universidade de Agricultura e Florestas, Cidade de Ho Chi Minh, 10 a 14 de setembro de 1996.

Orgeron A.J., Kenneth G.A., e Keith, B.P. (2007). Efeitos da taxa de plantio em ensaios de produtividade de cana-de-açúcar. *J. Am. Soc. Sugar Cane Technol.* **27**: 23-34.

Panse, V.G. and Sukhatme, P.V. (1967), Statistical methods for Agricultural workers, I.C.A.R., New Delhi.

Patel, D. e Patel, R. (2014). Influência do tamanho da colónia, da taxa de semente e do tratamento da colónia no rendimento e na qualidade da cana-de-açúcar. *O Bioscan* **9**(1): 55-57.

Patel, D., Raj, V.C, Tandel, B., Patel, B., Patel, D.U. e Surve, V. (2014). Influência da distância de plantio e variedade no crescimento da cana-de-açúcar e população de ervas daninhas sob mecanização. *J. International Academic Research for Multidisciplinary*. **2**(6): 34-41.

Patel, U.G., Patel, K.G., Patel, P.G., Mehta, N.P. e Lad, K.N. (1989). Gestão cultural do solo e da água da chuva no algodão de sequeiro (*G. herbaceum* L.) utilizando várias práticas culturais melhoradas em solos de algodão preto do centro de Gujarat. *GAU Res. J.,* **14**(2): 25-29.

Patil, B., Sarika, M. Pongde, S., Surya, M.P. e Anita B. Chorey. (2010). Efeito da cobertura vegetal e da configuração do terreno na utilização da humidade, na eficiência da utilização da humidade e no rendimento da soja (*Glycine max* L.). *Ciências Asiáticas* **5**(1): 1-4.

Pawar L.G., Bhosale R.J., Kalra G.S. e Patil B.P. (1980) Comparative performance of different methods of planting sugarcane. *Ind Sugar,* **35**(7): 1-5.

Prabhakar, K., Karuna Sagar, G., Sreenivasa, M. Chari, C. Kiran Kumar Reddy e Chandra Sekhar, S., (2014). Efeito da geometria de plantio e aplicação de nitrogênio por meio de fertirrigação na produção e qualidade da cana-de-açúcar. *Agric. Sci. Digest.,* **34**(3): 223-225.

Rahman, A.B.M.M., Miah, M.A.S. e Hossain, M.A. (1993). Efeito de diferentes técnicas de plantio no perfilhamento e na produtividade da cana-de-açúcar. www.barc.gov.bd/home.php

Rahman, M.S. (1998). Efeitos de diferentes tipos de assentamento de diferentes variedades no rendimento e nos caracteres que contribuem para o rendimento da cana-de-açúcar. Tese de Mestrado. Departamento de Agronomia. Universidade Agrícola do Bangladesh. Mymen Singh, Bangladesh. pp 36-45.

Ramesh, P. (1993). Efeito da geometria de plantação e do método de plantação nos componentes de rendimento, rendimento, qualidade e uso de água da cana-de-açúcar. *Indian J, Agron,* 42(2): 389-391.

Randhawa, M.A., Khan, S.A., Chaudhry, K.M., Nazir, M.S. e Khan M.Y. (1993). Efeito das técnicas de plantação no rendimento e na qualidade da cana-de-açúcar de outono em diferentes populações de plantas. *Pak. J. Agri. Sci.* 30(1): 26-29

Rao, Krishna. (2011). Cultivo de cana-de-açúcar SRI (Sistema de intensificação renovada). *Sugar Journal 2011-41st Convenção Anual da SISSTA*. 139-146.

Raskar, B.S. e Bhoi, P.G. (2004). Nutrient uptake pattern and balance in preseasonal sugarcane as influenced by intra-row spacings, fertilizer levels and planting materials. *Indian Sugar.* abril de 2004. 43-48.

Reddy, M.R. (1981). Effect of inter-row spacing on yield and quality of sugarcane, *Proc.* 45 Conv. STAI. PP: 61.

Roodagi L.I., Itnal, C. J., Biroder D. P. e Asgodi. S.A. (2001a). Índice de área foliar, taxa de transmissão de luz e rendimento de açúcar da cana-de-açúcar influenciados pelos métodos de plantação e pelo sistema de culturas intercalares. *Bharatiya Sugar.,* 26: 39-45.

Roodagi, L.I., Intal, C.J. e Chetti, M.B. (2001b). Impacto da consociação de culturas e métodos de plantação no crescimento e rendimento da cana-de-açúcar. *Karnataka J. Agril. Sci.* **14**(2): 305-310

Sahu, R.S., Pandey, S.S. e Kamat (2008). Estudos de correlação entre plântulas e suas mudas em cruzamentos inter-variedades de cana-de-açúcar para características de rendimento e qualidade. *Indian sugar*, maio de 2008.pp- 27-29.

Salunkhe C.B, Shimpale, V.B, Sardesai M.M e Yadav S.R. 2002. Alguns novos registos de Asteraceae para o Estado de Maharashtra. *Journal of the Bombay Natural History Society* **99**(3): 555-557.

Sanap, A.B. (2014). Efeitos do tamanho do material de plantio (sementes/pedaços de rebentos) e do meio de germinação na germinabilidade, sobrevivência e comportamento do perfilhamento da cana-de-açúcar (*Saccharum officinarum* L.) variedade CoM 0265. Tese apresentada para obtenção do grau de Mestre (Agri.) ao Dr. Balasaheb Sawant Konkan Krishi Vidyapeeth, Dapoli. Dist. Ratnagiri.

Sathiya, K., Ragavan, T, Sundravadana, S., Thirumugan, A, e Purushothaman, R.S.. (2011). Crescimento e rendimento da cana-de-açúcar (*Saccharam officinarum*) influenciados pela geometria de plantação e por diferentes materiais de plantação. *Sugar Journal 2011- 41s Convenção Anual da SISSTA*, 113-116.

Selvaraju P. (1994). Estudos sobre mericlones para produção de sementes de cana-de-açúcar. Dissertação de Mestrado (Agri.) TNAU, Coimbatore.

Shinde, A.G. (1984). Estudo comparativo de métodos de plantação, densidades de plantas, níveis graduais de azoto e manutenção de perfilhos no crescimento, rendimento e qualidade da cana-de-açúcar sazonal. Co-740. Tese de doutoramento, MPKV, Rahuri.

Shrivastava. T. K., Pandey, M. B. e Awasthi. S. K. (2006). Efeito dos métodos de plantação e da gestão de nutrientes no crescimento, rendimento e rejuvenescimento da cana-de-açúcar declinada (híbrido *complexo Saccharum*). *Revista indiana de ciências agrícolas.*

101(76): 103- 107.

Shukla S.K., (2007). Produtividade e economia de genótipos de cana-de-açúcar com elevado teor de açúcar (complexo híbrido *Saccharum officinarum*) no sistema planta-safra em várias épocas de plantação e níveis de fertilidade. *Indian J. of Agronomy*. **52**(2): 164-167.

Shukla, S.K. e Lal, M. (2003). Effect of sett size planting method and soil moisture regime on growth and yield of sugarcane. *Indian J. Agricultural Science*. **73**(10): 534-537.

Silverio E. (1977). Estudo de plantas de usucapião. Proc. 25 Arm. Conv. Philippines Sugar Tech. 124 -127.

Singh V.P., Zaman, S e Jha, K.C. (1988). Effect of seed rate and spacing on growth, juice qualify and yield of two sugarcane varieties. *Indian Sugar.,* 37(1): 527-533.

Singh, A.K, Menhi Lal, Ishwar Singh, Yadav, R.L. e Yadav, D.V. (2008) Effect of planting method and drought-management technique on growth, yield and quality of sugarcane (*Saccharum* hybrid complex) under limited irrigation. *Indian Journal of Agronomy* **53**(3): 200-204

Singh, D.P., N.S. Rana e Sandeep Kumar, (2001). Efeito da aplicação de azoto na qualidade do sumo e na produção de açúcar em variedades de cana-de-açúcar. *Indian Journal of Agronomy* **46**(1): 177-181.

Singh, G.D., Saini, S.K. Bhatnagar, A. e Singh, G. (2012). Efeito dos métodos de plantação e da programação da irrigação no crescimento, rendimento e qualidade da cana-de-açúcar plantada na primavera (*Saccharum officinarum* L.). *Ann. Agric. Res.* **33**(1-3): 21-23.

Singh, K., Bhullar, M.S., Singh, K. e Uppal, S.K. (2009). Effect of planting techniques for spring planted sugarcane. *J. Research Punjab Agril. Univ.* **46**(3/4): 137-139

Singh, K., Singh, A., Gill, M.S., Singh, D., Uppal, S.K. e Bhullar M.S. (2010). Intercropping in single bud vertical planted sugarcane. *J. Res. Punjab agric Univ.* **47**(3&4): 138-42.

Singh, K., Singh, K. e Kumar, S. (2013). Efeitos da taxa de semente, tamanho do assentamento e tratamento de sementes na cana-de-açúcar plantada na primavera. *J. Sugarcane Research* **3**(1): 78-82

Singh, Kuldeep e A.S. Brar, (2015). Effect of planting methods and irrigation schedules on cane yield, quality, economics and water productivity of spring sugarcane (*Saccharum officinarum*) in South Western Punjab. *Indian Journal of Agronomy* **60**(4): 601-605.

Singh, R.P. e Singh, P.P. (1984). Estudos de crescimento e acumulação de matéria seca sob diferentes estruturas de copa na cana-de-açúcar. *Indian Sugar.,* 34: 563-567.

Soomro, A.F., Tunio, S., Keerio, M.I., Rajper, I., Chachar, Q. e Arain, M.Y. (2014). Efeito de fertilizantes inorgânicos NPK sob diferentes proporções no crescimento, rendimento e qualidade do suco de cana-de-açúcar (*Saccharum officinarum* L.). *Pure Appl. Bio.*, **3**(1): 10-18

Soomro, A.F., Tunio, S., Oad, C.F. e Rajper, I. (2013). Efeito integrado de fertilizantes inorgânicos e orgânicos no rendimento e na qualidade da cana-de-açúcar (*Saccharum officinarum* L.) *Pak. J. Bot.*, **45**(4): 1339-1348.

Spencer, E.F. e Mende, G.P. (1964). Cane sugar handbook. 9th edn. John Willey and Sons. Inc., Nova

Iorque: 845.

Sreenivasan, T.V. 1995. Micropropagação de variedades de cana-de-açúcar recém-lançadas para a produção de sementes de qualidade. *Kisan Word,* 22(1): 22.

Srivastava, K.K., Narasimhan, R. e Shukla, K.K. (1981). Uma nova técnica de plantação de cana-de-açúcar. *Ind. Fmg.* Vol. XXXI, junho, 1981, pp. 15-17.

Subbaih, B.V. e Asija, G.L. (1956). Um procedimento rápido para a estimativa do azoto disponível no solo. *Curr. Sci.*, **25**(8): 259-260.

Sundara, B. (1995). Economia de mericlones de cana-de-açúcar para plantio comercial. *Co-op. Sugar.*, 26(6): 459-461.

Treder, N. (2008). Zastoso waniepodlozyk okosowychw upirerosl inrabat owcwych. Zesz.Probl. Post. Nauk Rol.485:335:358 (Em polaco com resumo em inglês).

Venugopal, M.R. (1196). Técnicas elevadas na plantação de cana-de-açúcar. *Kisan world...* 23(1):41.

Viswanathan, R. e Swamiyappan, R. (1999). Novo método de plantação de cana-de-açúcar e gestão da doença da podridão vermelha. *Kisan World,* 26(7): 21-22

Willam, J. (1193). Viveiro de sacos de polietileno de cana-de-açúcar. Trabalho apresentado no SISSTA (Silver Jublee Souvenir realizado em 14th em Madras. pp - 201-203

Yadav, R.L. (1991). Gestão de alta densidade populacional na cana-de-açúcar. *Prod. Indian natn. Sci. Acad.* **57**(3-4): 175-182.

Zafar, M., Asif Tanveer, Zahid Ata Cheema e Ashraf, M. (2010) Efeitos da competição entre culturas infestantes no crescimento e rendimento da cana-de-açúcar plantada com dois métodos. *Pak. J. Bot.*, **42**(2): 815-823.

Zende. G. K. (1990). Gestão da fertilidade do solo para maior produção de açúcar e cana-de-açúcar. *Recent Advances in Sugarcane (Avanços recentes em cana-de-açúcar).* 99-100

APÊNDICE -II

Pormenores do custo dos factores de produção utilizados para calcular a rentabilidade dos tratamentos

N.º Sr.	Particularidades	Unidade	Taxa (Rs.)
1	Trabalho Masculino	dias	180
	Feminino	dias	180
	Máquina (Trator)	horas	600
2	Material de sementeira M1	Tom	4000
	M2	Por plântula	1.50
	M3	Por plântula	1.75
	M4	Por plântula	1.60

3	F.Y.M.	Tom	4000
4	Fertilizantes		
	i) Ureia	^{k}g.	7
	ii) Superfosfato simples	^{k}g.	8
	iii) Muriato de potássio	^{k}g.	18
5	Proteção das plantas		
	i) Thiram	^{k}g.	230
	ii) Monocrotofos	Lit	550
	iii) Bavistina	^{k}g.	560
6	Irrigação (despesas de eletricidade)		
	Custo de entrada		
7	Amortizações de alfaias e máquinas		1000
8	Receitas fundiárias e outras taxas		150
9	Juros sobre o fundo de maneio (6% durante 12 meses)		
10	Juros sobre o capital fixo		1500
11	Valor locativo do terreno (1/6th do valor bruto - Receitas prediais)		
12	Taxas de supervisão (@10% do custo de entrada)		
	Custo total		
13	Rendimento e rendibilidade bruta		
	i) Produto principal	Q.	230
	ii) Por produto	Q.	250

MIX
Papier aus verantwortungsvollen Quellen
Paper from responsible sources
FSC® C105338

Printed by Books on Demand GmbH, Norderstedt / Germany